生态环境监测技术与实践创新

李成钢　著

图书在版编目（CIP）数据

生态环境监测技术与实践创新 / 李成钢著. -- 哈尔滨 : 哈尔滨出版社，2024.1

ISBN 978-7-5484-7356-5

Ⅰ. ①生… Ⅱ. ①李… Ⅲ. ①生态环境－环境监测 Ⅳ. ①X835

中国国家版本馆 CIP 数据核字（2023）第 116924 号

书　　名：生态环境监测技术与实践创新
SHENGTAI HUANJING JIANCE JISHU YU SHIJIAN CHUANGXIN

作　　者：李成钢　著
责任编辑：韩伟锋
封面设计：张　华

出版发行：哈尔滨出版社（Harbin Publishing House）
社　　址：哈尔滨市香坊区泰山路 82-9 号　邮编：150090
经　　销：全国新华书店
印　　刷：廊坊市广阳区九洲印刷厂
网　　址：www.hrbcbs.com
E - mail：hrbcbs@yeah.net
编辑版权热线：（0451）87900271　87900272

开　　本：787mm×1092mm　1/16　印张：11　字数：240 千字
版　　次：2024 年 1 月第 1 版
印　　次：2024 年 1 月第 1 次印刷
书　　号：ISBN 978-7-5484-7356-5
定　　价：76.00 元

前　言

随着环境保护事业的快速发展，我国的生态保护工作已逐渐被提高到前所未有的高度，环境保护工作的重点已由单纯的污染控制，转向以注重生态保护和实现生态良性循环为战略目标。作为了解和掌握生态环境质量现状及其变化趋势的重要手段，生态环境监测成为环境监测必不可少的重要组成部分。然而，由于生态系统的复杂性、多样性以及巨大的地域差异性，要科学、全面、客观地反映生态环境状况就需要建立起一套系统的技术规范和方法。在当前生态环境监测任务日益繁重、监测技术要求不断提高的形势下，从事生态环境监测的专业技术人员需要同步提升自身的技术水平和科研能力。

本书涉及的主要内容有环境监测基础知识，环境样品的采集、保存、制备及预处理，监测项目的测定，环境监测的质量保证，环境监测的新技术，等等。

李成钢，男，1972 年出生，甘肃省民勤县人，本科学历。现为甘肃省白银生态环境监测中心高级工程师，主要从事环境监测工作。主持完成了“轨道式可视化全密闭土壤筛分仪”“泥沙型袋式水质快速过滤器”“多点一体水质采样仪”“浮漂式深度定位采样仪”四个新产品（均为国内领先水平）的备案登记工作；主持完成的“降尘与硫酸盐化速率采样一体化固定装置”获得第四届白银市职工技术成果一等奖；在各类学术期刊发表《浅析环境监测对环境治理的促进性》《建立适应环保新形势的多元化环境监测体系》《基于旅游视角的风险认识与空气质量环境保护行为研究 》《环境管理过程中环境监测工作存在的问题及解决措施》等论文十余篇。

由于生态环境监测技术涉及内容广泛，而作者水平有限，书中错误和疏漏难以避免，希望广大读者提出宝贵建议，以便进一步修订和完善。

目　录

第一章 生态环境监测概述

环境监测是环境科学的一个重要分支科学。环境化学、环境物理学、环境地学、环境工程学、环境医学、环境管理学、环境经济学以及环境法学等所有环境科学的分支学科，都需要在了解、评价环境质量及其变化趋势的基础上，才能进行各项研究和制定有关的管理及经济法规。“监测”一词的含义可理解为监视、测定、监控等，因此，环境监测就是通过对影响环境质量因素的代表值的测定，确定环境质量（或污染程度）及其变化趋势。随着工业和科学的发展，监测包含的内容也扩展了。由对工业污染源的监测逐步发展到对大环境的监测，即监测对象不仅是影响环境质量的污染因子，而且还延伸到对生物、生态变化的监测；从确定环境实时质量到预测环境质量。例如，当发生突发性环境污染事故时，必须根据污染源的数量、性质和水文资料（或气象资料），估算下游（或下风向）不同地点、不同时间和不同高度污染物浓度的变化，以确定处置和应对措施。

判断环境质量，仅对某一污染物进行某一地点、某一时刻的分析测定是不够的，必须对各种有关的污染因素、环境因素在一定时间、空间范围内进行测定，分析其综合测定数据，才能对环境质量作出确切评价。因此，环境监测包括对污染物分析测试的化学监测（包括物理化学方法）；对物理（或能量）因子——热、声、光、电磁辐射、振动及放射性等的强度、能量和状态测试的物理监测；对生物由于环境质量变化所出现的各种反应和信息，如受害症状、生长发育、形态变化等测试的生物监测；对区域种群、群落的迁移变化进行观测的生态监测。

环境监测的过程一般为：现场调查→监测方案制定→优化布点→样品采集→运送保存→分析测试→数据处理→综合评价等。

从信息技术角度看，环境监测是环境信息的捕获→传递→解析→综合的过程。只有在对监测信息进行解析、综合的基础上，才能全面、客观、准确地揭示监测数据的内涵，对环境质量及其变化作出客观的评价。

环境监测的对象包括反映环境质量变化的各种自然因素、对人类活动与环境有影响的各种人为因素、对环境造成污染危害的各种成分。

环境监测是环境科学中重要的基础学科，也是一门理论、实践并重的应用学科，只有通过实践才能掌握、应用和提高。

第一节　生态环境监测的基本概念

一、生态环境监测的定义

生态监测作为一种系统地收集地球自然资源信息的技术方法，起始于20世纪60年代后期。我国的生态监测兴起于20世纪70年代，至今已开展了一系列的环境、资源和污染的调查与研究工作，各相关部门和单位相继建立了一批生态观测定位站和生态（环境）监测站，对部分区域乃至全国的生态环境进行了连续监测、调查和分析评价。但多年来，人们对于生态监测的概念始终有着不同的理解。万本太等在《中国环境监测技术路线研究》一书中是这样论述的：生态监测（Ecological Monitoring）是以生态学原理为理论基础，运用可比的和较成熟的方法，对不同尺度的生态环境质量状况及其变化趋势进行连续观测和评价的综合技术。

结合环保部门生态保护的工作职责，生态环境监测至少应该包括两部分，一是监测生态环境质量；二是监督对生态环境有影响的自然资源开发利用活动、重要生态环境建设和生态破坏恢复工作。作为环境监测的重要组成部分，生态环境监测既是一项基础性工作，为生态保护决策提供可靠数据和科学依据，又是一种技术行为，为生态保护管理提供技术支撑和技术服务。因此，我们在前人研究成果基础上，将生态环境监测定义为：生态环境监测（Eco-environmental Monitoring），又称生态监测，是以生态学原理为理论基础，综合运用可比的和较成熟的技术方法，对不同尺度生态系统的组成要素进行连续监测，获取最具代表性的信息，评价生态环境状况及其变化趋势的技术活动。

二、生态环境监测的原理和方法

生态环境监测实际上是环境监测的深入与发展。由于生态系统本身的复杂性，要完全将生态系统的组成、结构、功能进行全方位的监测十分困难。生态学理论的不断完善，特别是景观生态学的飞速发展，为生态监测指标的筛选、生态质量评价方法的建立以及生态系统管理与调控提供了理论依据和系统框架。在生态学的基础理论中，研究生态系统组成要素、结构与功能、发展与演替以及人为影响与调控机制的生态系统生态学原理更为生态监测提供了理论依据。生态系统生态学的研究领域主要涵盖了自然生态系统的保护和利用，生态系统的调控机制，生态系统退化的机理、恢复模型与修复技术，生态系统可持续发展问题以及全球生态问题等。景观生态学中的一些基础理论，如景观结构和功能原理、生物多样性原理、物种流动原理、养分再分配原理、景观变化原理、等级（层次）理论、空间异质性原理等，已经成为指导生态环境监测的基本思想。这些理论研究从宏观上揭示了生物与其周围环境之间的关系和作用规律，为有效保护和合理利用自然资源提供了科学依据，也为生态监测提供了理论基础。

在监测技术方法方面，由于生态监测具有较强的空间性，在实际监测工作中不仅需要使用传统的物理监测、化学监测和生物监测技术方法，更需要使用现代遥感监测技术方法，同时结合先进的地理信息系统与全球定位系统等技术手段。

三、生态环境监测的任务

生态环境监测的基本任务是对生态环境状况、变化以及人类活动引起的重要生态问题进行动态监测，对破坏的或退化的生态系统在人类治理中的恢复过程进行监测，通过长时间序列监测数据的积累，建立数学模型，研究生态环境状况和各种生态问题的演变规律及发展趋势，为预测预报和影响评价奠定基础等，寻求符合国情的资源开发治理模式及途径，为国家和各级政府、部门以及社会各界开展生态保护、科学研究和问题防控等提供可靠数据和科学依据，有效保护和改善生态环境质量，促进国民经济持续协调地发展。

具体来说，生态环境监测的主要任务涉及以下几个方面：

（1）监测人类活动影响下的生态环境的组成、结构和功能现状和动态，综合评估生态环境质量现状和变化，揭示生态系统退化、受损机理，同时预测变化趋势。

（2）监测自然资源开发利用活动、重要生态环境建设和生态破坏恢复工作所引起的生态系统的组成、结构和功能变化，评估生态环境受到的影响，以合理利用自然资源，保护生存性资源和生物多样性。

（3）监测人类活动引起的重要生态问题在时间以及空间上动态变化，如城市热岛问题、沙漠化问题、富营养化问题等，评估其影响范围和不利程度，分析问题形成的原因、机理以及变化规律和发展趋势，通过建立数学模型研究预测预报方法，探讨生态恢复重建途径。

（4）监测生态系统的生物要素和环境要素特征，揭示动态变化规律，评价主要生态系统类型服务功能，开展生态系统健康诊断和生态风险评估，以保护生态系统的整体性及再生能力。

（5）监测环境污染物在生物链中的迁移、转化和传递途径，分析和评估其对生态系统组成、结构和功能的影响。

（6）长期连续地开展区域生态系统组成、结构、格局和过程监测，积累生物、环境和社会等各方面监测数据，通过分析和研究，揭示区域甚至全球尺度生态系统对全球变化的响应，以保护区域生态环境。

（7）支撑政府部门制定生态与环境相关的法律法规，建立并完善行政管理标准体系和监测技术标准体系，为开展生态环境综合管理奠定行政、法律和技术基础。

（8）支持国际上一些重要的生态研究及监测计划，如 GEMS、MAB、IGBP 等，合作开展生物多样性变化、多种空间尺度的生物地球化学循环变化、生态系统对气候变化及气候波动的响应以及人类 – 自然耦合生态系统等的监测与科学研究。

四、生态环境监测的内容

生态环境监测的对象就是生态环境的整体。从层次上可将监测对象划分为个体、种群、群落、生态系统和景观等 5 个层次。生态环境监测的内容包括自然环境监测和社会环境监测两大部分，具体包括环境要素监测、生物要素监测、生态格局监测、生态关系监测和社会环境监测。

（1）环境要素监测：对生态环境中的非生命成分进行监测，既包括自然环境因子监测（如气候条件、水文条件、地质条件等自然要素监测），也包括环境因子监测（如大气污染物、水体污染物、土壤污染物、噪声、热污染、放射性、景观格局等人类活动影响下的环境监测）。

（2）生物要素监测：对生态环境中的生命成分进行监测，既包括对生物个体、种群、群落、生态系统等的组成、数量、动态的统计、调查和监测，也包括污染物在生物体中的迁移、转化和传递过程中的含量及变化监测。

（3）生态格局监测：对一定区域范围内生物与环境构成的生态系统的组成组合方式、镶嵌特征、动态变化以及空间分布格局等进行的监测。

（4）生态关系监测：对于生物与环境相互作用及其发展规律进行的监测。围绕生态演变过程、生态系统功能、发展变化趋势等开展监测和分析研究，既包括监测自然生态环境（如自然保护区）监测，也包括受到干扰、污染或得到恢复、重建、治理后的生态环境监测。

（5）社会环境监测：人类是生态环境的主体，但人类本身的生产、生活和发展方式也在直接或间接地影响生态环境的社会环境部分，反过来再作用于人类主体。因此，对社会环境，包括政治、经济、文化等进行监测，也是生态监测的重要内容之一。

五、环境监测的目的

环境监测的目的是准确、及时、全面地反映环境质量现状及发展趋势，为环境管理、污染源控制、环境规划等提供科学依据。具体可归纳为：

（1）根据环境质量标准，评价环境质量。

（2）根据污染特点、分布情况和环境条件，追踪污染源，研究和提供污染数据变化趋势，为实现监督管理、控制污染提供依据。

（3）收集环境本底数据，积累长期监测资料，为研究环境容量、实施总量控制、目标管理、预测预报环境质量提供数据。

（4）为保护人类健康，保护环境，合理使用自然资源，制定环境法规、标准、规划等服务。

六、环境监测的分类

环境监测可按其监测目的或监测介质对象进行分类，也可按专业部门进行分类，如气象监测、卫生监测和资源监测等。我国环境保护总局（现为生态环境部）2007 年颁发《环境监测管理办法》（令第 39 号），规定县级以上环境保护部门环境监测活动的管理职责是：①环境质量监测；②污染源监督性监测；③突发性环境污染事故应急监测；④为环境状况调查和评价等环境管理活动提供监测数据的其他环境监测活动。

（一）按监测目的分类

1. 监视性监测（又称例行监测或常规监测）

对指定的有关项目进行定期的、长时间的监测，以确定环境质量及污染源状况，评价控制措施的效果，衡量环境标准实施情况和环境保护工作的进展。这是监测工作中量最大、面最广的工作。

监视性监测包括对污染源的监督监测（污染物浓度、排放总量、污染趋势等）和环境质量监测（所在地区的空气、水体、噪声、固体废物等监督监测）。

2. 特定目的监测（又称特例监测）

根据特定的目的，环境监测可分为：

（1）污染事故监测：在发生污染事故，特别是突发性环境污染事故时进行的应急监测，往往需要在最短的时间内确定污染物的种类，对环境和人类的危害，污染因子扩散方向、速度和危及范围，控制的方式、方法，为控制和消除污染提供依据供管理者决策。这类监测常采用流动监测（车、船等）、简易监测、低空航测、遥感等途径。

（2）仲裁监测：主要针对污染事故纠纷、环境法律执行过程中所产生的矛盾进行监测。仲裁监测应由国家指定的具有质量认证资质的部门进行，以提供具有法律效力的数据（公证数据），供执法部门、司法部门仲裁。

（3）考核验证监测：包括对环境监测技术人员和环境保护工作人员的业务考核、上岗培训考核，环境检测方法验证和污染治理项目竣工时的验收监测等。

（4）咨询服务监测：为政府部门、科研机构、生产单位所提供的服务性监测。例如，建设新企业应进行环境影响评价时，需要按评价要求进行监测；政府或单位开发某地区时，该地区环境质量是否符合开发要求，以及项目与相邻地区环境相容性等，可通过咨询服务监测工作获取参考意见。

3. 研究性监测（又称科研监测）

研究性监测是针对特定目的的科学研究而进行的监测。例如，环境本底的监测及研究，有毒有害物质对从业人员的影响研究，新的污染因子监测方法研究，痕量甚至超痕量污染物的分析方法研究，复杂样品、干扰严重样品的监测方法研究；为监测工作本身服务的科研工作的监测，如统一方法、标准分析方法的研究，标准物质的研制等。这类研究往往要求多学科进行合作。

（二）按监测介质对象分类

按监测介质对象分类，环境监测可分为水质监测、空气监测、土壤监测、固体废物监测、生物监测、生态监测、噪声和振动监测、电磁辐射监测、放射性监测、热监测、光监测、卫生（病原体、病毒、寄生虫）监测等。

第二节　环境监测的特点和监测技术概述

一、环境监测的发展

1. 被动监测

环境污染虽然自古就有，但环境科学作为一门学科是在 20 世纪 50 年代才开始发展起来的。最初危害较大的环境污染事件主要是由化学毒物所导致的，因此，对环境样品进行化学分析以确定其组成和含量的环境分析就产生了。由于环境污染物通常处于痕量级（mg/kg、μg/kg）水平甚至更低，并且基体复杂，流动性、变异性大，又涉及空间分布及变化，所以对分析的灵敏度、准确度、分辨率和分析速度等提出了很高要求。因此，环境分析实际上促进了分析化学的发展。这一阶段称为污染监测阶段或被动监测阶段。

2. 主动监测

随着科学的发展，到了 20 世纪后期，人们逐渐认识到影响环境质量的因素不仅是化学因素，还有物理因素、生物因素等。物理因素如噪声、振动、光、热、电磁辐射、放射性等。所以用生物（动物、植物）的生态、群落、受害症状等的变化作为判断环境质量的标准更为确切可靠，从生物监测向生态监测发展，即在时间和空间上对特定区域范围内生态系统或生态系统组合体的类型、结构和功能及其组合要素进行系统的观测和测定，以了解、评价和预测人类活动对生态系统的影响，为合理利用自然资源、改善生态环境提供科学依据。此外，某一化学毒物的含量仅是影响环境质量的因素之一，环境中各种污染物之间、污染物与其他物质、其他因素之间还存在着相互作用。所以环境分析只是环境监测的一部分。环境监测的手段除了有化学手段，还有物理、生物等手段。同时，从点污染的监测发展到面污染及区域性的立体监测，这一阶段称为环境监测阶段，也称为主动监测或目的监测阶段。

3. 自动监测

随着监测技术的发展和监测范围的扩大，整体监测质量有了提高，但由于受采样手段、采样频率、采样数量、分析速度、数据处理速度等限制，仍不能及时地监测环境质量变化、预测变化趋势，更不能根据监测结果发布采取应急措施的指令。20 世纪 70 年代开始，发达国家相继建立了连续自动监测系统，在地区布设网点或在重点污染源布设监测点，进行在线监测，并运用了遥感、遥测手段，监测仪器用电子计算机遥控，数据用有线或无线传输的方式送到监测中心控制室，经电子计算机处理，可自动打印成指定的表格，分析出污染态势、浓度分布，在极短时间内观察到空气、水体污染浓度变化，预测未来环境质量。当污染程度接近或超过环境标准时，可发布指令、通告并采取保护措施。这一阶段称为污染防治监测阶段或自动监测阶段。

二、环境污染和环境监测的特点

（一）环境污染的特点

环境污染是各种污染因素本身及其相互作用的结果。同时，环境污染还受社会评价的影响而具有社会性。它的特点可归纳为以下几个方面：

1. 时间分布性

污染物的排放量和污染因素的排放强度随时间而变化。例如：工厂排放污染物的种类和浓度往往随时间而变化；由于河流的潮汛和丰水期、枯水期的交替，都会使污染物浓度随时间而变化。随着气象条件的变化，同一污染物在同一地点的污染浓度可相差数十倍。交通噪声的强度随着不同时间内车辆流量的变化而变化。

2. 空间分布性

污染物和污染因素进入环境后，随着水和空气的流动而被稀释扩散。不同污染物的稳定性和扩散速度与污染物性质有关，因此，不同空间位置上污染物的浓度和强度分布是不同的。为了正确表示一个地区的环境质量，单靠某一点监测结果是不完整的，必须根据污染物的时间、空间分布特点，科学地制定监测方案（包括监测网点布设、监测项目和采样频率设计等），然后对监测所获得的数据进行统计分析，才能得到较全面而客观的反映。

3. 环境污染与污染物含量（或污染因素强度）的关系

有害物质引起毒害的量与其无害的自然本底值之间存在一界限。所以，污染因素对环境的危害有一阈值。对阈值的研究，是判断环境污染及污染程度的重要依据，也是制定环境标准的科学依据。

4. 污染因素的综合效应

环境是一个由生物（动物、植物、微生物）和非生物所组成的复杂体系，必须考虑各种因素的综合效应。从传统毒理学观点分析，多种污染物同时存在对人或生物体的影响有以下几种情况：①单独作用，即当机体中某些器官只是受到混合污染物中某一组分的危害，没有因污染物的共同作用使危害加深时，称为污染物的单独作用。②相加作用，混合污染物各组分对机体的同一器官的毒害作用彼此相似，且偏向同一方向，当这种作用等于各污染物单独作用的总和时，称为污染物的相加作用。如大气中二氧化硫和硫酸气溶胶之间、氯和氯化氢之间，当它们在低浓度时，其联合毒害作用即为相加作用，而在高浓度时则不具备相加作用。③相乘作用，当混合污染物各组分对机体的毒害作用超过单独作用的总和时，称为相乘作用。如二氧化硫和颗粒物之间、氮氧化物与一氧化碳之间，就存在相乘作用。④拮抗作用，当两种或两种以上污染物对机体的毒害作用彼此抵消一部分或大部分时，称为拮抗作用。如动物试验表明，当食物中有30μg/L甲基汞，同时又存在12.5μg/L硒时，就可能抑制甲基汞的毒性。

环境污染还会改变生态系统的结构和功能。

5. 环境污染的社会评价

环境污染的社会评价与社会制度、文明程度、技术经济发展水平、民族的风俗习惯、哲学、法律等问题有关。有些具有潜在危险的污染因素，因其表现为慢性危害，往往不会引起人们注意，而某些现实的、直接感受到的因素容易受到社会重视。如河流被污染程度逐渐增大是一个长期过程，在过程中人们往往不予关注，而因噪声、烟尘等引起的社会纠纷却很普遍。

（二）环境监测的特点

环境监测就其对象、手段、时间和空间的多变性、污染组分的复杂性等，其特点可归纳为：

1. 环境监测的综合性

环境监测的综合性表现在以下几个方面：

（1）监测手段包括化学、物理、生物、物理化学、生物化学及生物物理等一切可以表征环境质量的方法。

（2）监测对象包括空气、水体（江、河、湖、海及地下水）、土壤、固体废物、生物等客体，只有对这些客体进行综合分析，才能确切描述环境质量状况。

（3）对监测数据进行统计处理、综合分析时，须涉及该地区的自然和社会各个方面情况，因此，必须综合考虑才能正确阐明数据的含义。

2. 环境监测的连续性

由于环境污染具有时间、空间分布性等特点，因此，只有坚持长期测定，才能从大量的数据中揭示其变化规律，预测其变化趋势，数据样本越多，预测的准确度就越高。因此，监测网络、监测点位的选择一定要科学、合理，而且一旦监测点位的代表性得到确认，必须长期坚持监测，以保证前后数据的可比性。

3. 环境监测的追溯性

环境监测包括监测目的的确定、监测计划的制订、采样、样品运送和保存、实验室测定到数据处理等过程，是一个复杂而又有联系的系统，任何一步的差错都将影响最终数据的准确度。特别是区域性的大型监测，由于参加人员众多、实验室和仪器的不同，必然会存在技术和管理水平的不同。为使监测结果具有一定的准确度，并使数据具有可比性、代表性和完整性，需有一个量值追溯体系进行监督。为此，需要建立环境监测的质量保证体系。

三、监测技术概述

监测技术包括采样技术、测试技术和数据处理技术。这里以污染物的测试技术为重点进行概述。

（一）化学、物理技术

对环境样品中污染物的成分分析及其状态与结构的分析，目前，多采用化学分析方法和仪器分析方法。

如重量法常用作残渣、降尘、油类、硫酸盐化速率等的测定。

容量法被广泛用于水中酸度、碱度、化学需氧量、溶解氧、硫化物、氰化物的测定。

仪器分析是以物理和物理化学方法为基础的分析方法。它包括光谱法（可见分光光度法、紫外分光光度法、红外分光光度法（红外光谱法）、原子吸收光谱法、原子发射光谱法、X 射线荧光光谱法、荧光光谱法、化学发光分析法等），色谱法（气相色谱法、高效液相色谱法、薄层色谱法、离子色谱法、色谱－质谱联用技术），电化学法（极谱分析法、溶出伏安法、电导法、电位分析法、离子选择电极法、库仑滴定法），放射分析法（同位素稀释法、中子活化法）和流动注射分析法等。仪器分析方法被广泛用于对环境中污染物进行定性和定量的测定。例如，分光光度法常用于大部分金属、无机非金属的测定；气相色谱法常用于有机物的测定；对于污染物定性和结构的分析常采用紫外分光光度法、红外分光光度法、质谱法及核磁共振等技术。

（二）生物技术

利用植物和动物在污染环境中所产生的各种反应信息，来判断环境质量的方法，是一种最直接、也是反映环境综合质量的方法。

生物监测包括测定生物体内污染物含量，观察生物在环境中受伤害所表现的症状。通过测定生物的生理生化反应、生物群落结构和种类变化等，来判断环境质量。例如，利用某些对特定污染物敏感的植物或动物（指示生物）在环境中受伤害所表现的症状，可以对空气或水的污染作出定性和定量的判断。

（三）监测技术的发展

监测技术的发展较快，许多新技术在监测过程中已得到应用。在无机污染物的监测方面，电感耦合等离子体原子发射光谱法用于对 20 多种元素的分析；原子荧光光谱法用于一切对荧光具有吸收能力的物质；离子色谱技术的应用范围也扩大了。在有毒有害有机污染物的分析方面，GC-MS 用于 VOCs 和 S-VOCs 及氯酚类、有机氯农药、有机磷农药、PAHs、二噁英类、PCBs 和 POPs 的分析；HPLC 用于 PAHs、苯胺类、酞酸酯类、酚类等的分析；IC 法用于可吸附有机卤化物（AOX）、总有机卤化物（TOX）的分析；化学发光分析对超痕量物质分析也已应用到环境监测中。利用遥感技术对一个地区、整条河流的污染分布情况进行监测，是以往监测方法很难完成的。

对于区域甚至全球范围的监测和管理，其监测网络及点位的研究，监测分析方法的标准化，连续自动监测系统、数据传送和处理的计算机化的研究应用也发展很快。连续自动监测系统（包括在线监测）的质量控制与质量保证工作也逐步完善。

在发展大型、连续自动监测系统的同时，研究小型便携式、简易快速的监测技术也十分重要。例如，在突发性环境污染事故的现场，瞬时造成很大的危害，但由于空气扩散和水体流动，污染物浓度的变化十分迅速，这时大型固定仪器由于采样、分析时间较长，无法适应现场需求，而便携式和快速测定技术就显得十分重要，在野外也同样如此。

四、环境优先污染物和优先监测

有毒化学污染物的监测和控制，无疑是环境监测的重点。世界上已知的化学品有 700 万种之多，而进入环境的化学物质已达 10 万种。因此，不论从人力、物力、财力或从化学毒物的危害程度和出现频率的实际情况而言，某一实验室不可能对每种化学品都进行监测、实行控制，而只能有重点、有针对性地对部分污染物进行监测和控制。这就必须确定一个筛选原则，对众多有毒污染物进行分级排序，从中筛选出潜在危害性大、在环境中出现频率高的污染物，作为监测和控制的对象。这一筛选过程就是数学上的优先过程，经过优先选择的污染物称为环境优先污染物，简称优先污染物（priority pollutants）。对优先污染物进行的监测称为优先监测。

早期人们控制污染的对象主要是一些进入环境数量大（或浓度高）、毒性强的物质，如重金属等，其毒性多以急性毒性反映，且数据容易获得。而有机污染物则由于种类多、含量低、分析水平有限，故以综合指标 COD、BOD、TOC 等来反映。但随着生产和科学技术的发展，人们逐渐认识到一批有毒污染物（其中绝大部分是有机物），可在极低的浓度下在生物体内积累，对人体健康和环境造成严重的甚至不可逆的影响。许多痕量有毒有机物对综合指标 COD、BOD、TOC 等影响甚小，但对环境的危害很大，此时，综合指标已不能反映有机污染状况。这些就是需要优先控制的污染物，它们具有如下特点：难以降解，在环境中有一定残留水平，出现频率较高，具有生物积累性，具有致癌、致畸、致突变（“三致”）性质、毒性较大，以及目前已有检测方法的一类物质。

美国是最早开展优先监测的国家。早在20世纪70年代中期，美国就在《清洁水法案》中明确规定了129种优先污染物，一方面，它要求排放优先污染物的工厂采用最佳可利用技术（BAT），控制点源污染排放；另一方面，制定环境质量标准，对各水域实施优先监测。其后又提出了43种空气优先污染物名单。

苏联卫生部于1975年公布了水体中有害物质的最大允许浓度，其中无机物73种，后又补充了30种，共103种；有机物378种，后又补充了118种，共496种。实施10年后，又补充了65种有机物，合计达664种之多。在1975年所公布的工作环境空气和居民区大气中有害物质最大允许浓度中，无机物及其混合物266种，有机物856种，合计达1122种之多。

欧洲共同体（现为欧洲联盟）在1975年提出的《关于水质的排放标准》的技术报告，列出了所谓“黑名单”和“灰名单”。

“中国环境优先监测研究”亦已完成，提出了“中国环境优先污染物黑名单”，包括14个化学类别共68种有毒化学物质，其中有机物占58种。

第三节 环境标准

标准化和标准的实施是现代社会的重要标志。所谓标准化，根据国际标准化组织（ISO）的定义是：“为了所有有关方面的利益，特别是为了促进最佳的全面经济效果，并适当考虑产品使用条件与安全要求，在所有有关方面的协作下，进行有秩序的特定活动，制定并实施各项规则的过程。”而标准则是“经公认的权威机构批准的一项特定标准化工作成果”，它通常以一项文件，并规定一整套必须满足的条件或基本单位来表示。

环境标准是标准中的一类，目的是为了防止环境污染，维护生态平衡，保护人群健康，对环境保护工作中需要统一的各项技术规范和技术要求所作的规定。环境标准是政策、法规的具体体现，是环境管理的技术基础。

一、中国环境标准体系

中国环境标准体系分为国家环境保护标准、地方环境保护标准和国家环境保护行业标准，其体系构成见图1-1。

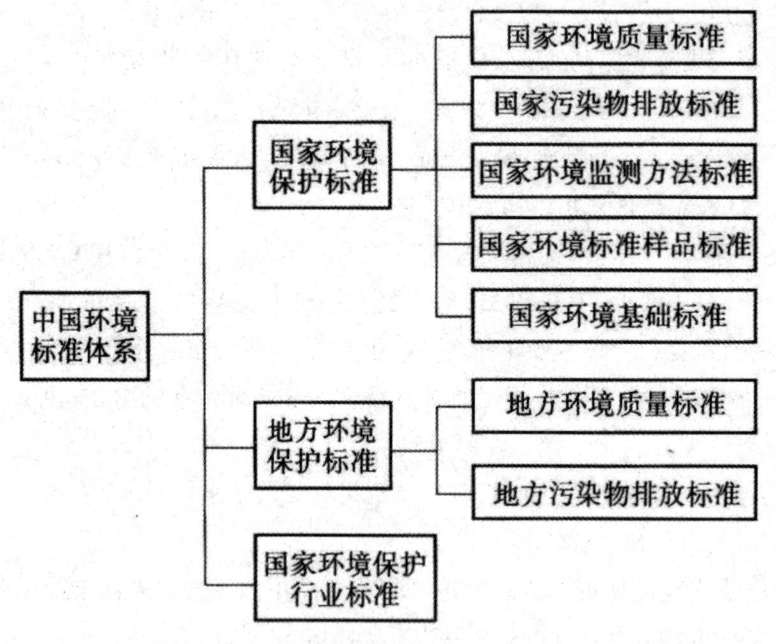

图 1-1 中国环境标准体系

（一）国家环境保护标准

国家环境保护标准包括国家环境质量标准、国家污染物排放标准、国家环境监测方法标准、国家环境标准样品标准和国家环境基础标准五类。

1. 国家环境质量标准

国家环境质量标准目的是保障人群健康、维护生态环境和保障社会物质财富，并留有一定安全余量，对环境中有害物质和因素所作的限制性规定。它是衡量环境质量的依据、环保政策的目标、环境管理的基础，也是制定污染物排放标准的基础。

2. 国家污染物排放标准

根据国家环境质量标准，以及采用的污染控制技术，并考虑经济承受能力，对排入环境的有害物质和产生污染的各种因素所作的限制性规定。一般也称为污染物控制标准。

3. 国家环境监测方法标准

为监测环境质量和污染物排放，规范采样、样品处理、分析测试、数据处理等所作的统一规定，包括对分析方法、测定方法、采样方法、实验方法、检验方法等所作的统一规定。环境中最常见的是分析方法、测定方法和采样方法。

4. 国家环境标准样品标准

为保证环境监测数据的准确、可靠，对用于量值传递或质量控制的材料、实物样品研制标准物质，形成标准样品。标准样品在环境管理中起着鉴别的作用：可用来评价分析仪器，鉴别其灵敏度；验证分析方法；评价分析者的技术，使操作技术规范化。

5. 国家环境基础标准

对环境标准工作中需要统一的技术性术语、符号、代号（代码）、图形、量纲、单位，以及信息编码等所作的统一规定，称为国家环境基础标准。

除上述环境标准外，在环境保护工作中，对还需要统一的技术要求也制定了一些标准，包括执行各项环境管理制度、检测技术，环境区划、规划的技术要求、规范、导则等。如环保仪器、设备标准等，它是为了保证污染治理设备的效率和环境监测数据的可靠性和可比性，对环保仪器、设备的技术要求做出的规定。

（二）地方环境保护标准

中国幅员辽阔，自然条件、环境基本状况、经济基础、产业分布、主要污染因子差异较大，有时一项标准很难覆盖和适应全国状况。制定地方环境保护标准是对国家环境保护标准的补充和完善。但应注意，拥有地方环境保护标准制定权限的单位为省、自治区、直辖市人民政府。地方环境保护标准包括地方环境质量标准和地方污染物排放标准。环境标准样品标准、环境基础标准等不制定相应的地方标准；地方标准通常增加国家标准中未做规定的污染物项目，或制定“严于”国家污染物排放标准中的污染物浓度限值。所以，国家环境保护标准与地方环境保护标准的关系在执行方面，地方环境保护标准优先于国家环境保护标准。

近年来，为控制环境质量的恶化趋势，一些地方已将总量控制指标纳入地方环境保护标准。

（三）国家环境保护行业标准

污染物排放标准分为综合排放标准和行业排放标准。各类行业的生产特点不同，排放污染物的种类、强度、方式差别很大。例如，冶金行业废水以重金属污染物为主；有机化工厂废水以有机污染物为主；而印染废水，色度是其特征污染物。行业排放标准是针对特定行业生产工艺，产污、排污状况和污染控制技术评估、污染控制成本分析，并参考国外排放法规和典型污染源达标案例等综合情况后制定的污染排放控制标准；而综合排放标准适用于没有行业排放标准的所有领域。显然行业排放标准是根据行业的污染情况所制定的，它更具有可操作性。根据技术、人力和经济可能性，应该逐步、大幅度提高行业排放标准，逐步缩小综合排放标准的适用面。

综合排放标准与行业排放标准不交叉执行，行业排放标准优先执行。即有行业排放标准的部门执行行业排放标准，没有行业排放标准的部门执行综合排放标准。

二、标准和技术法规的关系

目前，中国环境标准分为强制性环境标准和推荐性环境标准。环境质量标准和污染物排放标准及法律、法规规定必须执行的其他环境标准为强制性环境标准。强制性环境标准必须执行，超标即违法。强制性环境标准以外的环境标准属于推荐性环境标准。国家鼓励采用推荐性环境标准。如果推荐性环境标准被强制性环境标准采用，也必须强制执行。

加入世界贸易组织（WTO）以后，世界贸易组织 / 贸易技术壁垒协定（WTO/TBT）关于标准的定义与我国定义有很大不同。WTO/TBT 的定义如下：

标准（standard）：由公认机构批准，供通用或反复使用，为产品或相关加工和生产方法规定规则、指南或特性的非强制执行文件。标准也可以包括或专门规定用于产品、加工或生产方法的术语、符号、包装、标志或标签要求。

技术法规（technical regulation）：强制执行的规定产品特性或其有关加工和生产方法，包括适用的管理规定的文件。技术法规也可以包括或专门规定用于产品、加工或生产方法的术语、符号、包装、标志或标签要求。

由上述定义可见，标准属于非强制性的，不归属于国家立法体系，只规定有关产品特性，或工艺和生产方法必须遵守的技术要求，但不规定行政管理要求，是各方（生产、销售、消费、使用、研究检测、政府等）利益协商一致的结果。

而环境技术法规的目标是国家安全要求，防止发生欺诈行为，保护人体健康和安全，保护动、植物的生命和健康，保护环境。

将环境质量标准和污染物排放标准表述为“强制性环境标准”并纳入标准化管理体系的做法，混淆了依法具有强制效力的技术法规与自愿采用的标准之间的界限，不利于利用非关税贸易壁垒措施在国际贸易和市场管制工作中维护国家权益，不利于防止国外污染环境的产品和技术向国内转移。

在加入 WTO 的谈判中中国代表承诺，中国将按照《TBT 协定》的含义使用“技术法规”和“标准”的表述。相关工作组关注到了这些承诺。

三、水质标准

水是人类的重要资源及一切生物生存的基本物质之一，水体污染是环境污染中最主要的方面之一。目前我国已经颁布的水质标准主要有以下几种。

水环境质量标准：《地表水环境质量标准》（GB 3838—2002）、《海水水质标准》（GB 3097—1997）、《生活饮用水卫生标准》（GB 5749—2006）、《渔业水质标准》（GB 11607—89）、《农田灌溉水质标准》（GB 5084—2021）等。

污染物排放标准：《污水综合排放标准》（GB 8978—1996）、《医院污水排放标准》（GBJ 48—83）和一批行业水污染物排放标准。例如：《制浆造纸工业水污染物排放标准》（GB 3544—2008）、《甘蔗制糖工业水污染物排放标准》（GB 3546—83）、《石油炼制工业水污染物排放标准》（GB 3551—83）、《纺织染整工业水污染物排放标准》（GB 4287—2012）等。

根据技术、经济及社会发展情况，标准通常每隔几年修订一次。但每个标准的标准号通常是不变的，仅改变发布年份，新标准自然代替旧标准。例如 GB 8978—1996 代替 GB

8978—88。水环境质量标准和污染物排放标准一般多配套测定方法标准，便于执行。

(一)《地表水环境质量标准》(GB 3838—2002)

标准适用于中国领域内江河、湖泊、运河、渠道、水库等具有使用功能的地表水水域。具有特定功能的水域，执行相应的专业用水水质标准。其目的是保障人体健康、维护生态平衡、保护水资源、控制水污染、改善地表水质量和促进生产。依据地表水水域环境功能和保护目标，按功能高低依次划分为五类：

Ⅰ类：主要适用于源头水、国家自然保护区；

Ⅱ类：主要适用于集中式生活饮用水地表水源地一级保护区、珍稀水生生物栖息地、鱼虾类产卵场、仔稚幼鱼的索饵场等；

Ⅲ类：主要适用于集中式生活饮用水地表水源地二级保护区、鱼虾类越冬场、洄游通道、水产养殖区等渔业水域及游泳区；

Ⅳ类：主要适用于一般工业用水区及人体非直接接触的娱乐用水区；

Ⅴ类：主要适用于农业用水区及一般景观要求水域。

对应地表水上述五类水域功能，将地表水环境质量标准基本项目标准值分为五类，不同功能类别分别执行相应类别的标准值。水域功能类别高的标准值严于水域功能类别低的标准值。同一水域兼有多类使用功能的，执行最高功能类别对应的标准值。

(二)生活饮用水卫生标准

目前，我国有《生活饮用水卫生标准》(GB 5749—2006)和由卫生部颁布的《生活饮用水水质卫生规范》(2001年)。后者与世界卫生组织(WHO)的《饮用水水质指南》基本接轨，它包括生活饮用水水质常规检验项目及限值34项；生活饮用水水质非常规检验项目及限值62项，共有96项指标。规范中对生活饮用水源水质和监测方法均做了详细规定。

生活饮用水是由集中式供水单位直接供给居民作为饮水和生活用水，该水的水质必须确保居民终生饮用安全，它与人体健康有直接关系。集中式供水指由水源集中取水，经统一净化处理和消毒后，由输水管网送到用户的供水方式，它可以由城建部门建设，也可以由单位自建。制定标准的原则和方法基本上与《地表水环境质量标准》相同，所不同的是饮用水不存在自净问题，因此无BOD5、溶解氧等指标。

细菌总数是指1mL水样在营养琼脂培养基上，于37℃经24h培养后生长的细菌菌落总数。细菌不一定都有害，因此，这一指标主要体现的是细菌状况。

对人体健康有害的致病菌很多，如果在标准中一一列出，那么不仅在制定标准时，而且在执行标准的过程中会出现很多困难，因此在实用上只需选择一种在消毒过程中抗消毒剂能力最强、在环境水体中最常见(即有代表性)、监测方法容易的致病菌作为代表。大肠菌群是一类需氧及兼性厌氧，在37℃生长时能使乳糖发酵，在24h内产酸、产气的革兰氏阴性无芽孢杆菌。它在有动物生存的有关水域中常见，对消毒剂的抵抗能力大于伤寒、副伤寒、痢疾杆菌等，通常当它的浓度降低到 13 个 /L 时，其他病原微生物均已被杀死（但对肝炎病毒不一定有效），因此以它作为代表比较合适。

我国饮用水用氯气或漂白粉消毒，游离余氯是表征消毒效果的指标。接触 30min 后游离余氯不低于 0.3mg/L，可保证杀灭大肠杆菌和肠道致病菌，但也不应过高。首先，它是强氧化剂，直接饮用对人体有害；其次，如果水中含有机物，会生成氯胺、氯酚，前者有毒，后者产生强烈刺激性气味。所以国外已普遍改用臭氧和二氧化氯作为消毒剂，以避免这些弊病。

（三）《污水综合排放标准》（GB 8978—1996）

污水综合排放标准是为了保证环境水体质量，对排放污水的一切企事业单位所作的规定。这里可以是浓度控制，也可以是总量控制。前者执行方便；后者是基于受纳水体的实际功能，得到允许排放的总量，再根据分配的方法，它更科学，但实际执行起来较困难。发达国家大多采用排污许可证与行业排放标准相结合的方法，这是以总量控制为基础的双重控制，排污许可证规定了在有效期内向指定受纳水体排放限定污染物的种类和数量，实际是以总量为基础，而行业排放标准则是根据各行业特点所制定，符合生产实际。这种方法需要大量的基础研究为前提。例如，美国有超过 100 个行业排放标准，每个行业下还有很多子类。中国总体上采用按受纳水体的功能区类别分类规定排放标准值，重点行业执行行业排放标准，非重点行业执行污水综合排放标准，分时段、分级控制。部分地区也已将排污许可证与行业排放标准相结合，总体上逐步向国际接轨。

《污水综合排放标准》（GB 8978—1996）适用于排放污水的一切企事业单位。按地表水域使用功能要求和污水排放去向，分别执行一、二、三级标准，对于保护区禁止新建排污口的情况，已有的排污口应按水体功能要求，实行污染物总量控制。

标准将排放的污染物按其性质及控制方式分为两类。

第一类污染物，不分行业和污水排放方式，也不分受纳水体的功能类别，一律在车间或车间处理设施排放口采样，其最高允许排放的限值必须符相关规定。第一类污染物是指能在环境或动、植物体内积累，对人体健康产生持久不良影响的污染物质。

第二类污染物，指长远影响小于第一类污染物的污染物质，在排污单位的排放口采样，其最高允许排放的限值按相关规定执行。对第二类污染物区分 1997 年 12 月 31 日及以前和 1998 年 1 月 1 日及以后建设的单位分别执行不同的标准值；同时有 29 个行业的行业标准纳入此标准（最高允许排水量、最高允许排放的限值）。

（四）回用水标准

我国人均淡水资源仅为 2300m³，为世界人均水平的 1/4，特别是北方和西北地区水资源非常短缺，因此水资源经使用、处理后再回用十分重要。回用水水质标准应根据生活杂用、行业及生产工艺要求来制定。我国已经颁布的有《再生水回用于景观水体的水质标准》（CJ/T 95—2000）和《生活杂用水水质标准》（CJ 25.1—89）。

四、大气标准

我国已颁布的大气标准主要有《环境空气质量标准》(GB 3095—2012)、《保护农作物的大气污染物最高允许浓度》(GB 9137—88)、《室内空气质量标准》(GB/T 18883—2022)、《工业企业设计卫生标准》(TJ 36—79)、《饮食业油烟排放标准》(GB 18483—2001)、《锅炉大气污染物排放标准》(GB 13271—2014)、《工业炉窑大气污染物排放标准》(GB 9078—1996)、《汽油车怠速污染物排放标准》(GB 14761.5—93)、《柴油车自由加速烟度排放标准》(GB 14761.6—93)、《汽车柴油机全负荷烟度排放标准》(GB 14761.7—93)、《恶臭污染物排放标准》(GB 14554—93),以及一些行业排放标准中有关气体污染物排放限制。

(一)《环境空气质量标准》(GB 3095—2012)

《环境空气质量标准》的制定目的是改善环境空气质量，防止生态破坏，创造清洁适宜的环境，保护人体健康。

根据地区的地理、气候、生态、政治、经济和大气污染程度，划分了三类环境空气质量功能区。

一类区：国家规定的自然保护区、风景名胜区和其他需特殊保护的地区。

二类区：城镇规划中确定的居住区、商业交通居民混合区、文化区、一般工业区和农村地区。

三类区：特定工业区。

标准规定了一类区执行一级标准，二类区执行二级标准，三类区执行三级标准。标准还规定了监测分析方法。

“日平均”为任何一日的平均浓度,“月平均”为任何一月的日平均浓度的算术平均值，“季平均”为任何一季的日平均浓度的算术平均值，“年平均”为任何一年的日平均浓度的算术平均值，“1h 平均”为任何 1h 内的平均浓度，“植物生长季平均”为任何一个植物生长季月平均浓度的算术平均值。总悬浮颗粒物（TSP）是指空气动力学当量直径在 100μm 以下的颗粒物，可吸入颗粒物（PM10）是指空气动力学当量直径在 10μm 以下的颗粒物。标准中还规定了监测分析方法。

(二)《保护农作物的大气污染物最高允许浓度》(GB 9137—88)

为维护农业生态系统良性循环，保护农作物的正常生长和农畜产品优质生产，特制定了《保护农作物的大气污染物最高允许浓度》标准。此标准是《大气环境质量标准》(GB 3095—82)(现已被《环境空气质量标准》(GB 3095—2012)代替)的补充。

(三)《锅炉大气污染物排放标准》(GB 13271—2014)

锅炉废气是我国大气污染的重要原因，为了控制锅炉污染物排放，防治大气污染，制定此标准。标准中一、二、三类区的划分是按《环境空气质量标准》(GB 3095—1996)中的规定；按锅炉建成使用年限分为两个时段：Ⅰ时段指 2000 年 12 月 31 日及以前建成使用的锅炉，Ⅱ时段指 2001 年 1 月 1 日起建成使用的锅炉。

五、固体废物控制标准

为防止农用污泥、建材农用粉煤灰、农药、农用城镇垃圾及有色金属、建材工业固体废物等对土壤、农作物、地表水、地下水的污染，保障农牧渔业生产和人体健康，我国制定了有关固体废物的控制标准。如《农用污泥中污染物控制标准》(GB 4284—84)、《农用粉煤灰中污染物控制标准》(GB 8173—87)、《农药安全使用标准》(GB 4285—89)、《城镇垃圾农用控制标准》(GB 8172—87)、《有色金属工业固体废物污染控制标准》(GB5085—85)及《建材材料用工业废渣放射性物质限制标准》(GB 6763—86)等。

六、未列入标准的物质最高允许浓度的估算

化学物质种类繁多，并不断地在实验室合成出来。从生态学和保护人类健康来看，新的物质不应任意向环境排放，但要对所有物质制定在环境中(水体和空气等)的排放标准是不可能的。对于那些未列入标准但已证明有害，且在局部范围(如工厂生产车间)排放量和浓度又比较大的物质，其最高允许排放浓度，通常可由当地环保部门会同有关工矿企业按下列途径进行处理。

(一)参考国外标准

发达国家由于环境污染而发生严重社会问题较早，因而研究和制定标准也早，并且一般也比较齐全，所以如能在已有的标准中查验，可作为参考。

(二)从公式估算

如果在其他国家的标准中查不到，则可根据该物质毒理性质数据、物理常数和分子结构特性等，用公式进行估算。这类公式和研究资料很多，应该指出，同一物质用各种公式计算的结果可能相差很大，各公式均有限制条件，而且标准的制定与科学性、现实性等诸多因素有关，所以用公式计算的结果只能作为参考。

(三)直接做毒性试验再估算

当一种物质无任何资料可借鉴，或某种生产工艺排放的废水成分复杂，难以查清其结构和组成，但又必须知道其毒性大小和控制排放浓度，则可直接做毒性试验，求出半数致死浓度(LC_{50})或半数致死量(LD_{50})等，再按有关公式估算。对于组成复杂又难以查明其具体成分的废水、废渣可选用综合指标(如 COD)作为考核指标。

第二章　生态环境监测现状与评价研究

第一节　生态环境评价的基本概念

一、生态环境评价的内涵

生态环境是由生物群落及小生物自然因素组成的各种生态系统所构成的整体，主要或完全由自然因素形成，并间接、潜在、长远地对人类的生存和发展产生影响。同时它又是人类赖以生存和发展的自然基础，经济和社会的发展必须以保持生态环境的稳定和平衡为基础。生态环境与社会经济的和谐发展是全世界面临的共同问题和挑战，而保护和改善生态环境已经成为当今世界各国和地区日益重视的重大课题。因此，对生态环境进行评价成为掌握生态环境状况及变化趋势、合理开发和利用资源、制定社会经济持续发展规划和生态环境保护对策的重要依据。

生态环境评价是应用复合生态系统的特点以及生态学、地理学、环境科学等学科的理论和技术方法，对评价对象的组成、结构、生态功能与主要生态过程、生态环境的敏感性与稳定性、系统发展演化趋势等进行综合评价分析，以认识系统发展的潜力、制约因素，评价不同的政策和措施可能产生的结果。进行生态环境评价是协调复合生态系统发展与环境保护关系的需要，也是制定生态规划、开展生态环境管理的基础。

二、生态环境监测与评价的关系

生态环境监测和生态环境评价是两个紧密联系的过程。生态环境监测是开展评价的重要基础和技术支撑，而生态环境评价又是在监测获取的数据基础上完成的，同时生态环境评价对监测具有指导意义，根据评价的具体目标确定要开展哪些生态环境指标的监测、获取哪些环境要素的数据、采用哪种监测手段和监测技术。生态环境评价结果的可靠性和科学性与生态环境监测密切相关，监测获得的数据的准确性对评价结果产生很大影响。因此，在生态环境监测过程中，监测行为的科学性和规范性至关重要，是保证监测数据真实客观的首要条件。科学监测要求在监测过程中，必须以科学的态度、严谨的方法、可靠的手段、先进的技术、有效的管理，有条不紊地开展监测。

三、生态环境评价的分类

生态环境的层次性、复杂性和多变性决定了对其状况进行评价的难度。由于不同时期出现的生态系统问题不同，人们对生态系统的认识程度在逐渐深入，因此，反映在人们观念意识中的生态环境状况也不断变化，此基础之上的生态环境评价也就不同。

从生态环境评价的研究对象来看，总体上可以分成两类：一是对生态环境所处的状态，即生态环境的状况进行评价；二是对生态环境的服务功能与价值进行评价。而两者之间的界限是模糊的、相互重叠的。生态环境状况评价主要包括生态环境质量评价、生态安全评价、生态风险评价、生态稳定性评价、生态环境的脆弱性评价、生物多样性评价、工程影响评价和生态健康评价等。而生态环境的价值评价直到 1997 年由 Daily 主编的《大自然的贡献：社会依赖于自然生态系统》（*Nature's Services：Societal Dependence on Nature Ecosystems*）一书的出版，以及同年 Constanza 等的文章《地球生态系统服务和自然资本的价值》（*The value of the world's ecosystem services and natural capital*）在 Nature 杂志上发表才真正成为当前生态学研究的热点内容。这两类评价在研究内容和方法上均存在较大的差异。现将国内外各种文献资料中的主要生态环境评价类型简述如下。

1. 生态环境质量评价

生态环境质量是指生态环境的优劣程度，它以生态学理论为基础，在特定时空范围内，从生态系统层次上反映生态环境对人类生存及社会经济持续发展的适宜程度，是根据人类的具体要求对生态环境的性质及变化状态的结果进行评定。生态环境质量评价就是根据特定的目的，选择具有代表性、可比性、可操作性的评价指标和方法，对生态环境的优劣程度及其影响作用关系进行定性或定量的分析和判断。

生态环境的层次性、复杂性和多变性特征决定了质量评价的难度，同时由于人们对生态环境的要求和关注的角度不同，对其本质属性的外部特征——生态环境状态的理解也有所不同，因此，在此基础上的生态环境质量评价也就不同。有学者认为生态环境质量评价的类型主要包括：关注生态问题的生态安全和生态风险评价、关注生态系统服务功能和价值的生态系统服务评价、关注生态系统承载能力的生态环境承载力评价以及关注生态系统健康状况的生态系统健康评价等。我们认为生态环境质量评价仅为生态环境评价中生态环境状况评价类型下的一个亚类型，与生态安全评价、生态风险评价、生态系统健康评价等同属于生态环境状况评价类型。

如果生态环境质量评价根据的是生态环境现状信息，为生态环境质量现状评价；如果应用了生态环境变化的预测信息，则为生态环境质量的预断评价；如果目标是评价生态系统质量变化与工程对象的作用影响关系，可以称其为生态环境影响评价。生态环境质量评价是生态环境评价的重要组成部分，从这种意义上讲，生态环境质量评价，就是评价生态系统结构和功能的动态变化形成的生态环境质量的优劣程度。生态环境质量评价是一项综合性、系统性研究工作，涉及自然及人文等学科的许多领域，其中生态学、环境科学及资源科学的理论与方法对指导生态环境质量评价具有重要意义。

我国生态环境质量评价起初主要针对城市环境污染现状进行调查和评价，至20世纪80年代开始对工程项目进行影响评价。随后，生态环境质量评价的研究领域逐步由城市环境质量评价发展到水体、农田、旅游等诸多领域，研究内容及研究深度则由单要素评价向区域环境的综合评价过渡，由污染环境评价发展到自然和社会相结合的综合或整体环境评价，进而涉及土地可持续性利用、区域生态环境质量综合评价和环境规划等。1998年，国家环保总局颁布了非污染生态评价技术指导规则，为我国生态评价的开展开创了新的局面。2006年，国家环保总局发布了《生态环境状况评价技术规范（试行）》（HJ/T192—2006，以下简称《规范》），并在《规范》的指导下每年都在全国范围内开展生态环境质量评价，不少学者也采用该《规范》对国内典型地区的生态环境质量进行了评价以及对策研究，同时对该《规范》提出了很多建议。"十一五"期间，我国的生态环境监测与生态环境质量评价工作已逐步发展成为一项重要的例行工作，利用遥感影像每年开展全国生态环境质量监测与评价，数据源质量和技术方法也得以不断地提高和完善；国家重点生态功能区县域生态环境质量监测与评价考核的工作机制和技术体系已基本建立，在每年开展的国家重点生态功能区财政转移支付的生态环境保护效果评估中发挥着巨大作用；生态环境地面试点监测工作自2011年开始启动，对全国的重要区域和典型生态系统开展地面监测，获得了关于生物要素与环境要素的大量信息，进一步掌握了典型生态系统的生态环境质量现状，为真正说清生态环境质量状况及发展趋势、完善我国生态环境监测与评价体系提供了强有力支持。

2. 生态安全评价

生态安全是国家安全和社会稳定的重要组成部分，具有战略性、整体性、层次性、动态性和区域性特点，保障生态安全是任何国家或区域在发展经济、开发资源时所必须遵循的基本原则之一。生态安全分为广义生态安全和狭义生态安全。广义生态安全指人类的健康、生活、娱乐、基本权利、生活保障、必要资源、社会秩序和适应环境变化的能力等不受威胁的状态，内容主要包括自然生态安全、经济生态安全和社会生态安全。狭义生态安全指自然和半自然生态系统的安全，即保持生态系统的健康状态和完整性。

无论是广义的还是狭义的生态安全，其本质就是使经济、社会和生态三者和谐统一，促进人类社会的可持续发展。其中社会安全是生态安全的出发点，经济安全是生态安全的动力，生物安全和环境安全是生态安全的物质基础，生态系统安全是生态安全的核心。生态安全评价是对特定时空范围内生态安全状况的定性或定量的描述，是主体对客体需要之间价值关系的反映。生态安全评价的主要内容包括评价主体、评价方案、评价指标及信息转换模式等。评价对象是在一定时空范围内的人类开发建设活动对环境、生态的影响过程与效应。生态安全的自身特点要求生态安全评价的结果必须体现出整体性、层次性和动态性。

3. 生态风险评价

生态风险评价是伴随着环境管理目标和环境观念的转变而逐渐兴起并得到迅速发展的一个新的研究领域，它区别于生态影响评价的重要特征在于其强调不确定性因素的作用。

生态风险就是生态系统及其组分所承受的风险，它指在一定区域内具有不确定性的事故或灾害对生态系统及其组分可能产生的作用，这些作用的结果可能导致生态系统结构和功能的损伤，从而危及生态系统的安全和健康。生态风险评价一般包括四个部分：危害评价（Hazard Assessment）、暴露评价（Exposure Assessment）、受体分析（Receptor analysis）和风险表征（Risk Characterization）。

区域生态风险评价是生态风险评价的重要内容，是在特定的区域尺度上描述和评估环境污染、人为活动和自然灾害对生态系统及其组分产生不利影响的可能性及大小的过程，其目的在于为区域风险管理提供理论和技术支持。与单一地点的生态风险评价相比，区域生态风险评价所涉及的环境问题（包括自然和人为灾害）的成因以及结果具有区域性和复杂性。由于区域生态风险评价主要研究较大范围的区域生态系统所承受的风险，在评价时，必须考虑参与评价的风险源和其危害的结果以及评价受体的空间异质性，而这种空间异质性在非区域风险评价中是无需考虑的。

4. 生态系统健康评价

生态系统健康评价是研究生态系统管理的预防性、诊断性和预兆性特征以及生态系统健康与人类健康之间关系的综合性科学。自 1980 年代末提出生态系统健康概念及形成生态系统健康学以来，不同类型的生态系统健康评估、评价技术及体系成为生态系统健康和恢复生态学研究的焦点。1988 年，Schaeffer 等首次探讨了生态系统健康度问题；1999 年 8 月，“国际生态系统健康大会——生态系统健康的管理”在美国召开，将“生态系统健康评估的科学与技术”列为核心问题之一。作为全球陆地生态系统的重要类型和组成部分，国际上对森林生态系统的健康问题特别关注。许多学者对森林生态系统健康的定义、测度、评估和管理进行了积极的探讨和实践，提出了一些理论、评价方法、评估途径，为解决陆地生态系统危机提供了新的概念和研究手段。

生态健康是指生态系统处于良好状态。处于良好健康状况下的生态系统不仅能保持化学、物理及生物完整性（指在不受人为干扰情况下，生态系统经生物进化和生物地理过程维持生物群落正常结构和功能的状态），还能维持其对人类社会提供的各种服务功能。从生态系统层次而言，一个健康的生态系统是稳定和可恢复的，即生态系统随着时间的进程有活力并且能维持其自组织性（Autonomy），在受到外界胁迫发生变化时较容易恢复。衡量生态系统健康的因子有活力、组织、恢复力、生态系统服务功能的维持、管理选择、减少外部输入、对邻近系统的影响及对人类健康影响等八个方面，它们分属于不同的自然科学和社会科学研究范畴。衡量生态系统健康的因子中，活力、组织和恢复力最为重要，活力（Vigor）表示生态系统功能，可根据新陈代谢或初级生产力等来评价；组织

（Organization）即生态系统组成及结构，可根据系统组分间相互作用的多样性及数量评价；恢复力（Resilience）也称抵抗能力，根据系统在胁迫出现时维持系统结构和功能的能力来评价。

5. 生态系统稳定性评价

生态系统稳定性是指生态系统在自然因素和人为因素共同影响下，保持自身生存和发展的能力。生态系统稳定性评价应体现生态系统的层次性特点。稳定性的外延包括局域稳定性、全局稳定性、相对稳定性和结构稳定性（黄建辉，1994）等。稳定性的一些本质特征往往出现在较低的（群落以下）生物组织层次上（Hastings，1998）。Tilman（1996）曾在生态系统、群落和种群层次上提出了各自的稳定性特征。Loreau（2000）认为，种群层次的稳定性特征可能与群落及生态系统层次的稳定性不同。事实上，扰动胁迫可能会涉及特定生态系统或群落中的各个生物组织层次，分别探讨各层次对扰动的响应机制以及层次之间的相反关系，对客观地反映生态系统稳定性本质可能更具积极意义。因此，在稳定性的外延中应反映生物组织层次的内涵，如生态系统的稳定性、群落稳定性和种群稳定性等。

6. 生态脆弱性评价

生态脆弱性评价是指对生态系统的脆弱程度做出定量或者半定量的分析、描绘和鉴定。评价目的是为了研究生态系统脆弱性的成因机制及其变化规律，从而提出合理的资源利用方式和生态保护与生态恢复的措施，实现资源环境与社会经济的协调发展。由于生态脆弱性问题的复杂性，在评价时需注意以下几个方面：①生态系统是一个结构功能耦合的复杂系统，应综合分析多个相联系的评价因子才能说明生态脆弱性客观状态。②要兼顾内部性和外部性指标。自然生态系统本身不存在脆弱性，其脆弱性是外界人类活动引起的，评价中应该综合考虑系统内部和外部因素。③不同指标的生态系统有着不同的特征，评价时需要不同的指标体系和评价方法。

目前，生态脆弱性评价指标体系主要分为单一类型指标体系和综合性指标体系。单一类型指标体系是通过选取特定地理条件下的典型脆弱性因子而建立的，其结构简单、针对性强，能够准确表征区域环境脆弱的关键因子。

7. 生态承载力评价

生态承载力评价是区域生态环境规划和实现区域生态环境协调发展的前提，目前尚处于研究探索阶段。区域生态环境承载力是指在某一时期的某种环境状态下，某区域生态环境对人类社会经济活动的支持能力，它是生态环境系统物质组成和结构的综合反映。区域生态环境系统的物质资源以及其特定的抗干扰能力与恢复能力具有一定的限度，即具有一定组成和结构的生态环境系统对社会经济发展的支持能力有一个“阈值”。这个“阈值”的大小取决于生态环境系统与社会经济系统两方面因素。不同区域、不同时期、不同社会经济和不同生态环境条件下，区域生态环境承载力的“阈值”也不同。

8. 生态系统服务功能评价

生态系统不仅创造和维持了地球生命支持系统，形成了人类生存所必需的环境条件，还为人类提供了生活与生产所必需的食品、医药、木材及工农业生产的原材料。因此，良好的生态系统服务功能是健康的生态系统的深刻反映，生态系统健康是保证生态系统功能正常发挥的前提，结构和功能的完整性、抵抗干扰和恢复能力、稳定性和可持续性是生态系统健康的特征。生态系统的服务功能包括有机质的合成与生产、生物多样性的产生与维持、调节气候、营养物质贮存与循环、植物花粉的传播与种子的扩散、有害生物的控制、减轻自然灾害等许多方面。最主要的生态系统功能体现在两个方面：一是生态服务功能；二是生态价值功能，这些功能是人类生存和发展的基础。总的来说，生态系统服务功能评价的方法有两种：一是指示物种评价，二是结构功能评价。结构功能评价包括单指标评价、复合指标评价和指标体系评价。指标体系评价又包括自然指标体系评价、社会－经济－自然复合生态系统指标体系评价。

四、生态环境评价中存在的问题与未来发展趋势

生态环境评价经过几十年的发展，虽已形成了多种多样的评价方法和指标体系，但仍存在以下几个方面的问题：①生态环境评价指标体系仍不完善。生态环境质量评价不能离开评价的指标体系，而不同的研究者或在不同生态环境的研究中，由于研究人员对生态环境的理解或研究目的的不同，在指标系统的选择或同一指标的权重分配上存在很大的差异，有可能导致不同研究者对同一系统评价结果的差异，特别是不同生态环境的评价结果无法进行直接比较。②生态环境的定量评价模型仍需进一步发展。现有的生态环境评价模型都是基于静态的评价模型，侧重于对生态环境的结构、功能、状态的研究，对生态过程变化的评价研究方法极少，而生态环境的管理又必然是对生态过程的调控，因此，动态的生态过程评价模型的建立是今后必须要开展的工作之一。③生态环境的评价手段仍需提高。随着生态环境评价从生态环境结构、功能、状态的评价向生态过程评价的发展，生态环境评价面对的问题趋于复杂化和综合化，并且随着研究对象的时空尺度趋于长期化和全球化，研究方法趋于定量化，研究目的转向生态环境管理，传统的统计手段无法完成这项工作，迫切需要一些新的技术手段来支撑生态环境评价。④生态环境评价方法仍需完善。生态环境服务功能的评估主观性还比较大，在方法的选择上通常会受到评估人的知识背景、个人喜好等方面的影响，从而导致评价结果的差异。

由于生态环境是一个自然－社会－经济的复合系统，它受到多种因素的影响，表现出复杂性和不确定性，因此，对生态环境的评价应该更加趋向于综合评价。通过综合评价才能正确理解不同时空尺度、不同类型的生态环境之间的相互关系，才能作出准确的评价，指导人类作出明智的生态决策。

第二节　国内外生态环境监测现状

从全球范围来看，生态监测作为一种系统地监测地球自然资源状况的技术方法，起始于20世纪60年代后期。经过随后60多年的发展，越来越多的国家、地区、国际组织开始推进生态监测工作，一些跨国、跨区域甚至全球尺度的生态监测国际合作项目陆续启动，监测技术手段也从最初的仅采用地面定期调查和监测技术，发展到结合使用航空航天遥感、地理信息系统、全球定位系统等先进技术，这些技术有力地推动了天地一体化的生态监测技术体系建设进程，同时也形成了很多大型的生态环境监测网络（系统）。

一、全球尺度的生态监测

随着监测技术手段的飞速发展，开展全球尺度的生态监测早已成为现实，对促进生态监测的发展起到了积极的推动作用。

（1）全球环境监测系统（GEMS）于1974年建立，通过监测陆地生态系统和环境污染，定期评价全球环境状况。GEMS的实施，使生态监测在许多国家得到迅速发展。

（2）国际长期生态观测研究网络（ILTER），由美国国家科学基金会（NFS）于1993年支持建立，涉及16个国家，目的是加强全世界长期生态研究工作者之间的信息交流；建立全球长期生态研究站的指南，例如为野外站确定必备的装置和设备清单，明确已存在的长期生态研究站的地点，并确定未来准备建立长期生态研究站的地点等；建立长期生态研究合作项目；解决尺度转换、取样和方法标准化等问题；发展长期生态研究方面的公众教育，并以长期生态研究的成果去影响决策人。

（3）全球陆地观测系统（GTOS）、全球气候观测系统（GCOS）和全球海洋观测系统（GOOS），由萨赫勒与撒哈拉观测计划、全球变化与陆地生态系统（GCTE）核心计划和人与生物圈计划（MAB）于1996年联合建立，目的是观测、模拟和分析全球陆地生态系统以维持可持续发展。

（4）全球通量观测网络（FLUXNET），由美国能源部（DOE）和美国国家航空航天局（NASA）于1996年建立，用于研究全球不同经纬度和不同生态系统类型的通量特征。

（5）全球综合地球观测系统（GEOSS），由联合国（UN）、欧盟（EU）和美国环境保护署（EPA）于2003年联合建立，用于地球系统的综合、同步、连续观测。

（6）全球生物多样性观测网络（GEOBON），由国际生物多样性研究计划（DIVERSITAS）和美国国家航空航天局（NASA）于2008年联合建立，用于搜集全球的生物多样性数据信息，评估全球生物多样性状况。

二、区域尺度的生态监测

区域尺度的生态监测，具有代表性的主要有欧盟长期生态系统研究网络（LTER-Europe）、欧洲全球变化研究网络（ENRICH）、亚太全球变化研究网络（APN）、东亚酸沉降监测网（EANET）、热带雨林多样性监测网络（CFTS Network）等。

（1）欧洲长期生态系统研究网络（LTER-Europe），于 2007 年在匈牙利建立，是欧盟第六框架计划卓越网络为期 5 年（2004—2009 年）的项目 ALTER-Net 所取得的重要成果之一，该项目由 17 个国家 24 个伙伴机构参与，经费是 1000 万欧元，主要研究生态系统、生物多样性和社会之间的复杂关系。建立 LTER-Europe 的目的是促进长期生态系统研究者和研究网络在地方、区域和全球尺度的合作与协调。

（2）欧洲全球变化研究网络（ENRICH），建立于 1993 年，是国际上最早建立并开始实施的政府间全球变化研究网络，它利用欧盟已有的研究机构框架，1995 年初开始实施《欧洲全球变化研究网络实施计划》，目的是促进泛欧国家对国际全球变化研究计划的贡献；鼓励西欧、中东欧国家、前苏联新独立国家、非洲国家和其他发展中国家之间在全球变化研究中的合作，促进为这些国家全球变化研究工作的支持；促进通信联系 / 网络的建设；改善科学研究团体与欧洲联盟支持全球变化研究的机制的接触。

（3）亚太全球变化研究网络（APN），是 1996 年成立的区域与政府间科学组织，其宗旨是促进亚太地区的全球变化科学研究，并加强科学研究、政策制定之间的联系与互动。APN 目前有 21 个成员国，我国是其中之一。该组织的经费主要来源于日本环境省、神户县和美国国家自然科学基金会，其决策机构是政府间会议（IGM），APN 秘书处设在日本神户。

（4）东亚酸沉降监测网（EANET），由日本于 1993 年发起并组织，是一个地区性环境合作项目。EAN 目前共有中国、柬埔寨、老挝、印度尼西亚、日本、蒙古、马来西亚、菲律宾、韩国、俄罗斯、泰国和越南等东亚地区 12 个国家参加，目的是通过国际间的合作监测了解评估东亚地区酸沉降状况，防止产生跨国界酸沉降污染危害。

（5）热带雨林多样性监测网络（CTFS Network），成立于 1980 年，由 Smithsonian 热带研究所的热带雨林研究中心（CTFS）负责协调和管理。该网络目前有 18 个森林动态样地，遍布于从拉丁美洲到亚洲和非洲的 14 个国家，制定有统一的规范和方法，在每个森林动态样地，对直径大于 1cm 的每株乔木进行定种、编号和定位，每 5 年进行一次逐株观测，对直径达到 1cm 的新植株给予及时增补。CTFS 网络的目的就是通过对热带雨林的长期联网监测，加深对热带雨林生态系统的了解，并为其科学管理及其政策制定提供科学指导。关注的问题包括：①热带雨林为什么具有很高的物种多样性？在人类利用过程中，如何保持原有物种多样性水平？②热带雨林在稳定气候和大气环境方面起什么作用？人类如何利用热带雨林的储碳能力？③什么是热带雨林生产力大小的决定因子？人类该如何保证热带雨林资源的可持续利用？

三、国家尺度的生态监测

国家尺度上的生态监测起始于20世纪70年代末期，苏联制定了《生态监测综合计划》，其中包括自然环境污染监测计划、生物反应监测计划、标准自然生态系统功能指标及其人为影响变化的监测计划等。从目前国际上的情况看，美国、英国、中国和日本等国的生态监测比较具有代表性。

1. 美国长期生态学研究网络

美国长期生态学研究网络（US-LTER）建立于1980年，是世界上建立最早的长期生态研究网络，由26个监测台站组成。US-LTER目的是为科学团体、政策制定者及社会公众提供生态系统状态、服务功能及生物多样性的保护和管理方面的知识以及预测。监测台站覆盖了森林、草原、农田、极地冻原、荒漠、城市、湖泊湿地、海岸等生态系统。监测指标体系囊括了生态系统的各要素，诸如生物种类、植被、水文、气象、土壤、降雨、地表水、人类活动、土地利用、管理政策等。主要研究内容包括：①生态系统初级生产力格局；②种群营养结构的时空分布特点；③地表及沉积物的有机物质聚集的格局与控制；④无机物及养分在土壤、地表水及地下水间的运移格局；⑤干扰的模式和频率。

从2004年起，LTER的研究方向发生了重大改变，把台站联网研究及网络层面的综合科学研究作为未来10年的优先发展方向，主要围绕4个重大科学问题开展综合研究，即：生物多样性变化、多种空间尺度的生物地球化学循环变化、生态系统对气候变化及气候波动的响应、人类－自然耦合生态系统研究。

2. 英国环境变化监测网络

英国环境变化监测网络（ECN）成立于1992年，其目标是通过监测具有重要环境意义的指标，来获得具有可比性的长期监测数据。ECN由12个陆地生态系统监测站和45个淡水生态系统监测站组成，覆盖了英国主要环境梯度和生态系统类型。ECN的突出特点是非常重视监测工作，对所有监测指标都制定了标准的ECN测定方法，同时也形成了非常严格的数据质量控制体系，包括数据格式、数据精度要求、丢失数据处理、数据可靠性检验等，所有监测数据都建立中央数据库系统进行集中管理、共享，不追求监测全部生态系统各要素指标，而是根据自然生态系统类型和特点来确定监测指标体系（如下表2-1、2-2）。

表 2-1 ECN 陆地生态系统监测指标体系

监测指标类型	监测项目
气象	自动气象站 13 项，标准气象站 14 项
空气	二氧化氮
降水	pH 值、电导率、钠、钾、钙、镁、铁、铝、磷酸盐、氨氮、硝酸盐、氯、硫酸盐、碱度（14 项）
地表水	pH 值、电导率、钠、钾、钙、镁、铁、铝、磷酸盐、氨氮、硝酸盐、氯、硫酸盐、溶解有机碳、碱度（15 项）
土壤	pH 值、电导率、钠、钾、钙、镁、铁、铝、磷酸盐、氨氮、硝酸盐、氯、硫酸盐、有机碳、碱度（15 项）
有 / 无脊椎动物	鸟类、蝙蝠、兔子、鹿、青蛙等
植被类型 / 土地利用变化	区域植被动态变化及土地利用变化，主要通过遥感手段监测

表 2-2 ECN 淡水生态系统监测指标体系

监测指标类型	监测项目
地表水	包括金属离子和重金属离子。pH 值、悬浮物、水温、电导率、溶解氧、氨氮、总氮、亚硝酸盐、碱度、氯、总有机碳、微粒有机碳、BOD、总磷、微粒磷、磷酸盐、硅酸盐、硫酸盐、钠、钾、钙、镁、铝、锡、铬、铁、锑、银、汞、铜、锌、镉、铅（34 项）
地表径流量	
浮游植物	种类及丰富度，只在湖泊取样，1 次 /2 周；叶绿素 a，河流 1 次 / 周、湖泊 1 次 /2 周
大型水生植物	种类及丰富度，河流 1 次 / 年，湖泊 1 次 /2 年
浮游动物	种类及丰富度，只在湖泊监测，1 次 /2 周
大型无脊椎动物	种类及丰富度、畸形程度

随着生物多样性保护越来越受到重视，ECN 建立环境变化生物多样性监测网络，用于评价气候变化、空气污染对生物多样性的影响，同时对监测站点也进行了扩增。

3. 日本长期生态系统研究网络（JaLTER）

日本自 2003 年开始建立生态系统长期研究网络。在森林、草地、水体（包括湖泊、河口、海洋）三类生态系统建立了生态系统长期观测站，每类生态站又分为核心站（Core-site）和辅助站两种类型。目前，JaLTER 有核心站 19 个，辅助站 30 个。19 个核心站中，森林站 11 个，海洋站 5 个，湖泊站 2 个，草地站 1 个；30 个辅助站中森林站 14 个，草地站 7 个，海洋站 6 个，湖泊站 3 个。监测指标包括气象、水文、水质、物候、植被生物量及二氧化碳通量等。

4. 其他国家的生态监测网络

随着全球气候变化、生物多样性丧失等生态环境问题越来越受到关注，其他许多国家也陆续开始建设本国或本地区的野外生态长期观测研究网络。加拿大在 1994 年就开始建设加拿大生态监测与评价网络（EMAN），其目的是探测、描述和报告生态系统变化，具体目标包括受到各种压力作用下生态系统的变化情况，为污染控制和资源管理政策提供科学原理，评价并报告资源管理政策的有效性，尽早确认新的环境问题，并有一系列监测协议，如生物多样性监测协议、生态系统监测协议等。此外，澳大利亚、以色列、巴西、墨西哥、波兰、韩国等也开始建立野外生态长期观测网络。

5. 我国生态监测与研究进展

我国是世界上最早开展生态系统长期定位观测的国家之一，各个行业部门均按照对各自职责的理解建有生态监测网络，开展生态监测业务工作和科研工作。目前，我国规模较大的生态系统定位观测研究网络有中国科学院建立的中国生态系统研究网络，林业部门建立的中国森林生态系统定位研究网络（CFERN）和湿地生态系统定位研究网络（CWERN），科技部门组建的国家生态系统观测研究网络，环保部门建立的国家生态环境监测网络，农业部门建立的农业生态环境监测网络、草原生态监测网络和渔业生态环境监测网，水利部门建立的水土保持监测网络、海洋部门建立的海洋环境监测网络等。

（1）中国科学院。

由中国科学院建立的中国生态系统研究网络（CERN），在我国开展生态系统长期定位研究时间最早，与美国长期生态学研究网络（US-LTER）、英国环境变化监测网络（ECN）并称世界三大国家生态系统研究网络。

CERN 于 1988 年开始筹建，CERN 的主要研究目标为：①揭示生态系统及环境要素的变化规律；②主要生态系统类型服务功能及价值评价和健康诊断；③揭示我国不同区域生态系统对全球变化的响应；④揭示生态系统退化、受损机理，探讨生态恢复重建途径。经过三十多年的发展，CERN 的各台站在监测规范化、标准化方面取得了巨大进步，已经建立了相对完整的生态系统各要素观测规范和标准，从观测场设置、样品采样、分析测试再到数据质量控制、数据集成都有相应的规范。

表 2–3　中国生态系统研究网络台站类型及名称

台站类型	台站名称	台站类型	台站名称
城市生态站	北京城市生态系统研究站	海洋生态站	胶州湾海洋生态站、大亚湾海洋生态站、三亚热带海洋生物实验站
农田生态站	拉萨生态站、环江农田生态站、海伦农业生态站、沈阳生态实验站、禹城农业生态站、封丘农业生态站、栾城农业生态站、常熟农业生态站、桃源农业生态站、鹰潭红壤生态站、千烟洲红壤丘陵农业生态站、阿克苏农田生态站、盐亭紫色土农业生态站、安塞水土保持综合生态站、长武黄土高原农业生态站	森林生态站	神农架森林生态站、长白山森林生态站、北京森林生态站、会同森林生态站、鼎湖山森林生态站、鹤山丘陵生态站、茂县山地生态站、贡嘎山高山森林生态站、哀牢山亚热带森林生态站、西双版纳热带雨林生态站
草地生态站	内蒙古草原生态系统生态站、海北高寒草甸生态站	湿地生态站	三江平原沼泽湿地生态站
荒漠生态站	临泽内陆河流域综合生态站、奈曼沙漠化研究站、沙坡头沙漠试验研究站、鄂尔多斯沙地草地生态站、阜康荒漠生态站、策勒沙漠研究站	湖泊生态站	东湖湖泊生态站、太湖湖泊生态站
分中心	大气分中心、水分分中心、生物分中心、土壤分中心、水域分中心		
综合中心	综合研究中心		

（2）林业部门

林业部门从20世纪50年代末开始建设中国森林生态系统定位研究网络（CFERN），2003年正式建立。CFERN已发展成为横跨30个纬度，代表不同气候带的73个森林生态站组成的网络，基本覆盖了中国主要典型生态区，涵盖了中国从寒温带到热带、湿润区到极端干旱地区的植被和土壤地理地带的系列，主要任务是开展森林生态系统的定位观测研究（表2-4）。

另外，林业部门还建立了湿地生态系统定位研究网络（CWERN），在全国重要湿地类型区建立定位研究站。

表2–4 中国森林生态系统研究网络台站分布及名称

分布区域	台站名称
东北地区（11个）	内蒙古大兴安岭森林生态站、黑龙江嫩江森林生态站、辽宁冰砬山森林生态站、辽东半岛森林生态站、辽宁白石砬子森林生态站、吉林松江源森林生态站、黑龙江凉山森林生态站、黑龙江漠河森林生态站、黑龙江小兴安岭森林生态站、黑龙江牡丹江森林生态站、黑龙江帽儿山森林生态站
华北地区（16个）	首都圈森林生态站、河北小五台山森林生态站、北京燕山森林生态站、山西太行山森林生态站、河南禹州森林生态站、山东泰山森林生态站、山东青岛森林生态站、河南黄河小浪底森林生态站、山西吉县黄土高原森林生态站、山西太岳山森林生态站、山东昆嵛山森林生态站、河南黄淮海农田防护林生态站、山东黄河三角洲森林生态站、宁夏六盘山森林生态站、甘肃兴隆山森林生态站、甘肃小陇山森林生态站
华东中南地区（23个）	陕西秦岭森林生态站、湖北秭归森林生态站、河南宝天曼森林生态站、河南鸡公山森林生态站、江苏长江三角洲森林生态站、重庆缙云山森林生态站、湖南会同森林生态站、贵州喀斯特森林生态站、江西大岗山森林生态站、福建武夷山森林生态站、广东珠三角森林生态站、广东沿海防护林森林生态站、广东南岭森林生态站、广东东江源森林生态站、湖北神农架森林生态站、浙江天目山森林生态站、安徽黄山森林生态站、安徽大别山森林生态站、重庆武陵山森林生态站、广西漓江源森林生态站、浙江凤阳山森林生态站、浙江钱塘江森林生态站、广西大瑶山森林生态站
华南热带地区（5个）	广东湛江森林生态站、海南尖峰岭森林生态站、广西友谊关森林生态站、云南普洱森林生态站、海南文昌森林生态站
西南高山地区（3个）	四川卧龙森林生态站、西藏林芝森林生态站、四川峨眉山森林生态站
内蒙古东部地区（5个）	河北塞罕坝森林生态站、内蒙古赛罕乌拉森林生态站、内蒙古大青山森林生态站、内蒙古鄂尔多斯森林生态站、宁夏贺兰山森林生态站
蒙新地区（4个）	甘肃祁连山森林生态站、新疆天山森林生态站、新疆阿尔泰山森林生态站、新疆塔里木河胡杨林森林生态站
云贵高原（3个）	云南滇中高原森林生态站、云南高黎贡山森林生态站、云南长溪森林生态站

（3）科技部门。

2005年，科技部启动国家生态系统观测研究网络台站（CNERN）建设任务。作为国家科技基础条件平台建设的内容，CNERN目的是要整合现有的分属于不同主管部门的野外生态监测台站，在国家层面上建立跨部门、跨行业、跨地域的科技基础条件平台，实现资源整合、标准化规范化监测、数据共享。

（4）环保部门。

环保部门的国家生态环境监测网络建设开始于1993年。国家环境保护局编写了《生态监测技术大纲》，提出了野外生态监测站的监测指标体系和监测方法，针对不同生态系统类型和水文、气象、土壤、植被、动物和微生物等生态系统要素，确定了常规监测指标和项目。1994年，国家环境保护局提出在全国建立9个生态监测站，对各类型生态系统进行监测。在典型生态区建立的生态监测站有：内蒙古草原生态环境监测站、新疆荒漠生态环境监测站、内陆湿地生态监测站、海洋生态监测网、森林生态监测站、流域生态监测网（长江流域暨三峡生态监测网）、农业生态监测站、自然保护区生态监测站，每个监测站又包括不同的分站和子站。同年，国家环境保护局建立了近岸海域环境监测网，由74个监测站301个监测点位组成，开展近岸海域海水水质、入海河流污染物、直排海污染源监测。

如今，全国众多省份已经开展生态地面监测工作，积累了宝贵的经验和数据资料。内蒙古自治区环境监测中心站从1991年起在呼伦贝尔、锡林郭勒、包头市达茂旗开展草地生态监测，一直持续到现在，积累了30多年的数据资料，2002年增加了阿拉善荒漠生态系统监测站，2006年增加了鄂尔多斯毛乌素沙地、清水河县黄土高原、磴口县乌兰布和沙漠3个生态环境地面定位监测站，目前共有7个生态环境地面监测站点开展监测工作。新疆维吾尔自治区环境监测总站从2000年开始在塔里木河流域、伊犁、阿尔泰、哈密地区开展荒漠生态系统监测，积累了20多年的监测数据。青海省环境监测站在“十一五”期间连续5年开展了高寒草原生态系统地面监测，在青海草原区布设了200多个监测点开展高寒草原生态系统监测。湖南省洞庭湖生态环境监测站从1983年就开始了水质、底质的监测工作，从1988年又开始了浮游植物、浮游动物、底栖动物等水生生物监测工作一直持续到现在，目前在洞庭湖及长江岳阳段共布设了14个断面，累计有效监测数据达百万个，积累了系统的基础性观测资料。另外，中国环境科学研究院于2010年7月在井冈山建立了井冈山生态环境综合观测站，该站由中国环科院、江西省环科院和井冈山国家级自然保护区共同建设。2011年，中国环境监测总站选择6个省份启动生态环境地面监测试点工作，2012年试点省份增至10个，针对森林、草原、湿地和荒漠生态系统开展环境要素和生物要素监测。

（5）水利部门.。

水利部门建立了水土保持监测网络，对全国不同区域的水土流失及其防治效果进行动态监测和评价。该网络由四级构成，第一级为水利部水土保持监测中心，第二级为七大流域（长江、黄河、海河、淮河、珠江、松辽和太湖）水土保持监测中心站，第三级为各省、自治区、直辖市水土保持监测总站，第四级为各监测总站设立的水土保持监测分站。

（6）农业部门。

农业部门的生态监测网络包括农业生态环境监测网络、草原生态监测网络和渔业生态环境监测网。农业生态环境监测网络包括农业农村部环境监测总站、省级农业环境管理与监测站、地县级农业环境管理与监测站三个级别，由33个省级和800多个重点地（市）、县级农业环境监测站组成监测网络。草原生态监测网络由农业农村部草原监理中心、22个省级草原监测站以及3400多个监测样地组成草原生态监测网络，开展草原植物长势、生产力、生态环境状况的监测评估。渔业生态环境监测网由85个渔业环境监测站组成，开展渔业生产、渔业资源保护和渔业水域生态环境监测工作。

（7）海洋部门。

海洋部门建立的海洋环境监测网络，主要成员是国家海洋环境监测中心以及北海、东海和南海3个海区海洋监测中心站，其余成员为国家海洋局建设的专业海洋监测中心站、与地方共建的海洋监测站和地方海洋与渔业局的监测中心，主要开展海洋污染源监测、海洋环境质量监测等工作。

第三节　国内外生态环境评价研究进展

一、国外研究进展

城市化随着工业革命而加快、社会生产力高速发展以及人类对自然界无休止的豪夺带来了不同程度的环境污染和生态环境破坏，基于单项技术性治理难以有效阻止环境继续恶化，于是从20世纪40年代起一些发达国家开始进行环境质量和污染防治方面相关法律法规的制定，如美国的《净化空气法修正法案》《水法》《大气颗粒物新标准》，日本的《大气污染防治法》《水污染防治法》，德国的《水法》和《防止扩散法》等，通过将环境保护上升到法律高度以求环境恶化有所缓解。1969年美国率先提出环境影响评价制度并在《国家环境政策法》中规定大型工程必须在修建前编写评价报告书。此后，加拿大、瑞典和澳大利亚等国也先后在环境保护法中确立环境评价制度，评价的范围逐渐由单因素评价向多因素评价过渡。在此期间，许多国家的学者在环境质量评价以及环境影响评价等环境科学研究领域中开展了诸多有意义的研究工作。

20世纪80年代以后，随着计算机的普及，一些先进技术尤其是遥感（RS）、全球定位系统（GPS）和地理信息系统（GIS）开始应用于环境科学领域，其中以美国环保署（EPA）于20世纪90年代提出的环境监测和评价项目（EMAP）为典型代表，该项目从区域和国家尺度评价生态资源状况并对其发展趋势进行长期预测，在该项目基础上又建立了州和小流域的环境监测与评价（REMAP）。这一时期生态环境研究的典型案例是20世纪90年代初美国环保署采用中尺度方法对大西洋地区进行生态评价，此外也有诸多学者利用“3S”技术对河口等区域进行了相关生态评价研究。与大多数发展中国家相比，美、德等发达国家在发展经济的同时更注重整个生态系统的健康与安全，并先后开展了生态风险评价。

1995年经由H.Moony、Acropper和徐冠华等10名学者酝酿，在联合国有关机构、世界银行、全球环境基金和一些私人机构的支持下，新千年生态系统评估（Millennium Ecosystem Assessment，缩写为MA或MEA）启动，MA核心工作即对生态系统的现状进行评估，预测生态系统的未来变化及该变化对经济发展和人类健康造成的影响，为有效的管理生态系统提供各类产品和服务的功能，提出改进生态系统管理工作应采取的各种对策，在一些重要地区启动若干个区域性生态系统评估计划，为区域生态系统管理提供技术支持。

景观生态学的产生及发展使遥感和地理信息系统等空间数据采集、处理和分析技术在生态环境评价中的作用发挥到了极致。John T.lee等（1999）指出景观质量和生态价值密切相关，并利用GIS技术和土地利用数据进行区域尺度的景观评价；Wynet Smith等借助遥感、制图技术和统计分析方法对Batemi河谷土地利用进行了研究；Heana Espejel等（1999）则在利用遥感影像进行景观分类的基础上，对不同土地利用的生态可持续性进行评估；Robin S.Reid等（2000）利用航片和卫星影像在景观尺度上就土地利用和覆被变化对生态过程的影响进行评价研究；Daniel T.Hegem等（2000）对Tensax河流域进行景观生态评价；Richard G.Lathrop等（1998）应用景观生态学理论和GIS技术从生态保护、开发利用和协调发展的角度对生态敏感性进行评估等。

二、国内研究进展

国内生态环境评价研究始于20世纪60至70年代的城市环境污染现状的调查评价和工程建设项目的影响评价。此后，随着我国对生态环境日益重视和生态环境评价工作的不断深入，生态环境评价的研究领域逐步由城市环境评价发展到水体、农田、旅游等诸多领域，研究内容及研究深度则由单要素评价向区域环境的综合评价过渡，由污染环境评价发展到自然和社会相结合的综合或整体环境评价，进而涉及土地可持续性利用、区域生态环境综合评价和环境规划等。

1. 城市生态环境评价

20世纪60年代我国环境科学尚处于萌芽状态，在20世纪70年代初参加联合国教科文组织拟订的“人与生物圈计划”之后，于1978年将城市生态环境问题研究正式列入我国科技长远发展计划，此后许多学科开始从不同角度研究和评价城市生态环境。

吴峙山等（1986）在借鉴国外城市生态环境质量研究的基础上对北京等城市生态环境质量进行评价研究；郑宗清（1995）依据生态学理论采用层次分析综合评价法对广州市八个行政区城市生态环境质量进行评价，并将其结果分为四类，之后在分析各类表现特征及存在主要生态环境问题的基础上提出整治建议。范常忠和姚奕生（1995）建立了完整的城市生态环境质量评价指标体系及比较合理的权重体系和评价标准体系，还运用Fuzzy多级综合评价方法建立了城市生态环境质量评价模型。千庆兰（2002）借鉴国外环境诊断的研究方法提出“树木活力度”，即树木的枝、叶、梢等各个部位的生长状况和健康程度这一新的综合生态指标，并对吉林市城市生态环境质量进行分区。喻良和伊武军（2002）则利用层次分析法对福州市近年来城市生态环境质量的评价结果进行分析，并对今后城市规划提出建议。杨新和延军平（2002）以位于黄土高原中部的陕甘宁老区榆林、延安两市为例，选定年降水量、年均温、蒸发量等8个指标，定量评价各市1970—2000年的脆弱度状况，结果表明榆林、延安两市生态环境整体脆弱，脆弱度存在空间差异但差异不明显，而时间段上的波动幅度不大。李月辉等（2003）使用层次分析法（AHP），利用Microsoft Visual Basic6.0开发了城市生态环境质量评价信息系统，并运用该系统对沈阳"九五"末期城市生态环境质量进行评价，结果显示沈阳市生态环境质量属于一般。吕连宏等（2005）结合煤炭城市的具体特点，构建了一套综合的煤炭城市生态环境评价指标体系，并运用层次分析法对各个评价因子的权重进行了判断并分类。王平等（2006）以南京市城市环境为例，采用层次分析法确定各评价指标权重，计算评价指标体系的综合评价值，根据综合评价值的大小划分城市生态环境质量的等级，评价结果与南京市生态环境的实际状况基本相符，南京市生态环境质量在总体上呈逐步改善的趋势，环境污染状况明显改善，但是自然环境在逐渐恶化，主要是自然灾害的影响。

栾勇等（2008）运用碳氧平衡法、生态阈值法、氧气需求法等城市生态指标的计算方法对珠海市的生态绿化现状进行分析研究，并提出珠海城市生态规划建议，以不断改善城市生态环境，提高城市生态效益。徐昕等（2008）依据原国家环境保护总局颁布的《生态环境状况评价技术规范（试行）》，通过解译2004年中巴卫星遥感影像，结合上海市区（县）的统计资料，进行土地利用现状分析、专项土地数据分析和城市生态环境质量评价，结果表明通过计算生物丰度、植被覆盖、水网密度、土地退化、环境质量、污染负荷多项指数，能较全面地衡量城市生态环境质量。

黄蓓佳等（2009）以上海市闵行区为例，从社会、经济、自然等方面构建了一套城市生态环境质量的指标体系，结合反映城市生态环境质量的指标体系和权重，采用基于矢量的空间替加方法，对表征研究区域的城市生态环境质量的单因子和多因子的空间分异规律及其成因进行了探讨。

万本太等（2009）从城市生态系统结构、城市生态效能与城市环境各个方面出发，基于科学性、目的性、系统性与可操作性原则，提出了生态服务用地指数、人均公共绿地指数、物种丰富指数、非工业用地指数等10类城市生态环境质量评价指数，根据专家经验赋权重方法，建立了城市生态环境质量评价指标。研究选择青岛、上海、长春等7个城市作为评价对象，进行了城市生态环境质量评价，结果表明，青岛城市生态环境质量优，昆明、上海、成都、长春、重庆城市生态环境质量较好，乌鲁木齐城市生态环境一般，生态环境质量评价结果与现状基本相符，可为城市规划、城市生态环境整治和城市生态环境管理打好重要基础。

纪芙蓉等（2011）应用"压力－状态－响应"模型，通过频度统计法、多因子比较法和专家评价法等多种方法提取城市生态环境质量评价指标，建立城市生态环境质量评价体系，并以西安市近十年的相关数据为基础评价西安市城市生态环境质量。

2. 农业生态环境评价

阎伍玖等（1999）以县作为评价单元，从自然生态系统、社会经济系统和农田污染系统三个子系统分别选取指标，引入灰色系统理论中的关联度分析法对安徽芜湖区域农业生态环境质量进行了综合评价，研究结果表明：安徽省芜湖市区域农业生态环境已经受到了明显的污染，并且各区域污染水平有一定的差异。王丽梅等（2004）在监测分析基础上运用多级模糊综合评判模型和改进的标准赋权与层次分析相结合的权重确定方法，对黄土高原沟壑区果农型农业生态系统的单要素环境质量（包括土壤、径流水体、农副产品、社会经济环境及生态环境）和总体环境质量进行了评价，结果表明土壤、径流水体、农副产品质量状况均为Ⅰ级，社会经济环境质量为Ⅱ级，生态环境质量为Ⅲ级，总体环境质量为Ⅰ级；单从生态效益角度来看，果农型农业生态系统并不是最佳选择，但其社会经济效益相对较好。

刘新卫（2005）构建了农业生态环境质量评价指标体系，应用基于三角白化权函数的灰色聚类评估方法，全面评价了位于长江三角洲地区的常熟市农业生态环境质量状况，结果表明，该市农业生态环境总体上处于较好状态，有利于当地农业生产的可持续发展。

王瑞玲和陈印军（2007）在深刻剖析土壤污染物来源、深入理解土壤污染复杂性的基础上，根据研究地区的特殊性（城市郊区），构建了包括评价模型、预测模型、预警模型的农田生态环境质量预警体系，通过社会环境系统对土壤污染胁迫强度的变化间接反映土壤环境质量变化趋势，并运用此预警体系对郑州市郊区农田进行了动态预警实证研究。

苏艳娜等（2007）运用可变模糊集模型对江苏省常熟市农业生态环境质量进行了评价，结果表明该模型能更客观地评价该市农业生态环境质量状况。李超等（2009）以江苏省为研究案例对江苏省六大经济区进行农业生态环境质量评价，结果表明，1996 年和 2000 年江苏省平均植被覆盖度由 54.74% 下降到 50.42%，轻度级以上的水土流失总面积比例由 8.12% 下降到 6.76%，1996—2005 年，江苏省沿江、沿海和两淮经济区农业生态环境质量发展水平高于徐连、宁镇扬和太湖经济区，大部分经济区生态环境质量等级均有提高。

陈惠等（2010）选择与福建省农业生态环境质量密切相关的 19 个因子作为候选因子，通过专家对候选因子进行排队打分筛选，得出福建省农业生态环境质量评价指标体系，采用层次分析方法确定各因子指标权重，经归一化处理，得到福建省 68 个县归一化后的因子值和农业生态环境质量总指数值的计算公式，再根据总指数值的大小，将各区、县的农业生态环境质量划分为好、较好、一般、较差、差 5 个等级。

唐婷等（2012）运用主成分分析方法筛选农业生态环境质量的评价指标体系，建立农业生态环境质量综合评价模型，对 1995 年、2005 年、2008 年江苏省徐连、沿江、沿海、宁镇扬和太湖经济区的农业生态环境质量的时空变异进行了评价。

3. 区域生态环境评价

20 世纪 80 年代，董汉飞等对海南、珠江口等区域生态环境评价的原则、方法、指标体系进行的有益尝试是区域生态环境质量评价方面早期有影响的研究之一，其选用的主要是生物量、生长量等生物学指标，关注的是生态系统最基本的组分和功能。

伴随着国土资源综合调查，省区级生态环境质量综合调研工作陆续开展，同时基于遥感、地理信息系统等空间数据信息获取、处理和分析等技术方法的进步，生态环境质量评价技术及方法已经由初期的针对生态环境状况单要素调查向多源数据支持的多环境要素综合评价过渡，评价内容由单纯的自然环境向自然环境与社会环境的综合方向发展，并逐步建立区域性的生态环境综合评价指标体系，评价方式由定性描述转向以数值分析等方式为主的定量化分析。

万本太等（2004）开展了我国生态环境质量评价研究，首次提出了生态监测技术路线，构建了区域生态环境质量评价指标体系和综合评价模型，并利用其对全国 31 个省域及所辖县域生态环境质量进行了评价分析。在此基础上，2006 年原国家环境保护总局正式颁布《生态环境状况评价技术规范（试行）》，这是我国第一个综合性的生态环境质量评价标准，为推动生态环境评价发展奠定了扎实基础。李洪义等（2006）利用自行建立的多元线性回归方程对福建省 2000 年生态环境质量进行了评价，结果表明福建省生态环境质量总体较好，在空间分布上内陆山区优于沿海地区，西部和北部山区生态环境质量较好，城市、裸露山地、遭砍伐的林地及海岸带地区次之。钱贞兵等（2007）利用 2000 年和 2004 年安徽省卫星遥感图像解译数据，结合地面调查和统计资料，按照生态环境质量评价体系对安徽省 17 个市级行政区生态环境状况进行动态评价和比较，结果表明安徽省整体生态环境质量良好。曹爱霞等（2008）应用卫星遥感解译数据和环境统计资料计算了甘肃省 14 个市级行政区的生态环境质量指数，系统评价了其生态环境质量状况。曹惠明等（2012）以 2005 年和 2009 年美国陆地卫星（Landsat）影像为基本数据源，利用遥感与 GIS 技术对山东省生态环境状况进行了监测，并依据《生态环境状况评价技术规范（试行）》，对山东省生态环境质量现状及动态变化趋势进行了评价。结果表明，山东省生态环境质量总体处于一般水平，2005—2009 年山东省生态环境质量状况基本稳定，局部地区有所改善。赵元杰等（2012）以河北省为例探讨了复杂生态区生态环境质量评价方法，包括生态环境要素质量评价、各生态区生态环境质量评价以及复杂生态区生态环境质量评价等三个层次，评价结果表明：2006—2008 年，河北省生态环境质量指数分别为 3.6926、3.6673、3.8452，生态环境质量“较差”。

也有学者以流域为评价单位进行了生态环境评价。如王顺久和李跃清（2006）以巢湖流域为例对生态环境质量综合评价进行了实证分析，巢湖流域生态环境质量为 3 级，其中合肥市和六安市所属区域生态环境质量为 3 级，巢湖市为 4 级。研究表明，应用投影寻踪模切进行区域生态环境质量评价人为干扰少，操作简便，便于在生产实践中应用，为区域生态环境质量评价提供了一条新途径。张春桂和李计英（2010）对福建省闽江流域、九龙江流域和晋江流域的 MODIS 数据、气象数据和地形数据进行处理，建立三大流域的生态环境质量监测模型，研究分析了福建三大流域生态环境质量的空间分布情况及动态变化趋势。冀晓东等（2010）基于可变模糊集理论，建立了区域生态环境综合评价模型，并运用该模型对巢湖流域的生态环境进行评价，对流域中的合肥市、巢湖市、六安市及巢湖流域的生态环境评价结果进行了排序。

姚尧等（2012）以全国土地利用遥感监测数据及 MODIS 的 NDVI 数据为基础，根据《生态环境状况评价技术规范（试行）》，通过 GIS 空间分析功能提取生物丰度指数、植被覆盖指数、水网密度指数、土地退化指数和环境质量指数 5 个指标，利用综合指数法计算全国范围的生态环境质量指数，对 2005 年全国范围生态环境进行评价，结果表明，2005 年全国生态状况整体一般，西部较差，东部较好，有呈阶梯分布的特征。

4. 生态脆弱区生态环境评价

针对山区、荒漠、草原、湿地等生态脆弱区的环境评价已有大量研究。如李晓秀（1997）将评价指标体系划分为自然环境总体质量指标和生态环境质量指标。赵跃龙（1998）将生态环境质量评价指标体系分为主要成因指标和结果表现指标。孙玉军等（1999）通过样方调查对五指山自然保护区的土壤、植被、生态系统、物种多样性等重要生态环境因子进行了分析评价，指出该区属于生态环境脆弱带。马义娟和苏志珠（2002）依据野外调查和积累的资料对晋西北地区的环境特征与土地荒漠化类型做了初步研究。马治华等（2007）在全面调查内蒙古荒漠草原植被与环境因子的基础上，以植被、土壤、气象、人畜为评价因子，运用数学方法并结合遥感技术，对 2003—2005 年内蒙古荒漠草原的生态环境质量进行了定量评价，并提出荒漠草原生态环境评价指标体系。

戴新等（2007）运用层次分析法，依据黄河三角洲湿地的生态环境结构、特征、社会发展现状和规划，筛选出形成和影响生态环境质量的三类 14 个主要特征因子作为评价指标进行等级化处理并确定其权重。

张建龙和吕新（2009）采用综合指数评价方法建立绿洲生态环境质量评价指标体系，通过遥感数据提取环境因子，运用 GIS 得出评价单元的生态环境质量综合指数，并以此为依据对石河子垦区绿洲生态环境质量进行了评价。

王晓峰等（2010）提取了研究区影响环境质量的 6 个因子图层数据，叠加形成一个综合环境指数图层数据，并将其划分为 4 个环境分区，对南水北调中线陕西水源区生态环境质量进行了客观评价。

王立辉等（2011）以遥感影像为主要数据源，选取水热条件、地形地貌、土地利用和土壤侵蚀等环境评价因子，建立生态环境质量综合评价模型，对丹江口库区的生态环境现状进行定量评价，结果表明：库区的自然生态环境现状整体一般偏好，达到良好标准的占 43.24%，较差及以下的占 10.06%。较好地段主要集中于河谷平坝，500 ~ 1000m 的中海拔地区生态环境质量差异较大，生态脆弱度高，库区中东部地区相对较好，北部和西部相对较差。

郭朝霞和刘孟利（2012）采用长时间多源遥感数据对塔里木河重要生态功能区土地利用变化和植被指数进行了分析，同时结合多年地面调查监测数据，系统分析了区域生态环境变化情况，并评价了近五年区域生态环境质量，结果表明，该区域生态环境质量略有下降，其中环境状况指标和植被覆盖率指数起主导作用。

5. 县域生态环境评价

许多学者在县域尺度上进行了生态环境质量的评价。有些直接采用《生态环境状况评价技术规范（试行）》规定的生态环境状况评价指标体系和计算方法，如陈丽华等（2006）以生物丰度指数、植被覆盖指数、水网密度指数、土地退化指数和污染负荷指数5个评价指标作为生态环境质量的分指数，采用综合指数法对该区域内各县区近年来的生态环境质量进行了综合评价。李莉和张华（2010）采用该方法，对奈曼旗2000年、2005年实施退耕还林还草工程初期及5年后的生态环境质量进行定量分析和评价，结果表明，奈曼旗2000年、2005年生态环境质量指数分别为33.94和36.93，分别属于“较差”和“一般”，生态环境质量指数的变化幅度为8.8%，实施退耕还林还草工程5年后，生态环境质量明显提高。

还有些学者根据当地情况研究建立了指标体系并进行了评价，如周铁军等（2006）以宁夏回族自治区盐池县为例，建立了毛乌素沙地县域尺度上的生态环境质量综合评价指标体系，应用层次分析法，对各指标进行了量化处理，全面评价了盐池县1991—2000年的生态环境质量动态变化状况，并且对盐池县生态环境质量状况发展趋势进行了预测。曹长军和黄云（2007）以四川省井研县为例，结合正在进行的乐山市新一轮土地利用规划修编的部分基础资料，阐述了层次分析法在县域生态环境质量评价中的应用，结果表明：层次分析法可大大提高全值定量的理性成分，得到更加符合实际的成果。张杰等（2012）在建立四川省生态质量评价指标体系的基础上，将径向基函数（RBF）神经网络模型用于四川省18个地级市生态质量评价和区划，实现了评价结果的可视化与直观化。秦伟等（2007）根据陕西省吴起县自然、社会和经济等方面的特点，通过比较指标的使用频度、征询专家意见，建立了吴起县生态环境质量评价指标体系，应用层次分析法确定了指标的权重，在消除指标量纲的基础上，计算了吴起县1995—2004年的生态环境质量指数，从自然环境、社会环境、经济环境三方面对该县生态环境质量10年间的变化进行了定量评价与定性分析。

李丽和张海涛（2008）以生态环境质量指标体系作为神经网络的输入，以生态环境等级评分作为输出，基于BP人工神经网络，建立了具有20个隐含层节点、3层网络的小城镇生态环境质量评价模型；以生态环境指标的各级评价标准作为模型的训练样本，以训练样本数量的10%以及各指标、各等级的临界值、中间值作为检验样本，以研究区生态环境质量的实际监测值作为预测样木，利用MATLAB软件对BP人工神经网络进行训练，并对鄂州市杜山镇生态环境质量等级进行了模式识别。结果表明：利用BP人工神经网络方法对小城镇生态环境质量进行预测是可行、可靠的，它不仅能很好地评价区域生态环境质量，而且能够与区域生态环境的实际特征相结合。

刘海江等（2010）利用全国 31 个省（自治区、直辖市）2008 年的县域数据，按照《生态环境状况评价技术规范（试行）》的方法和指标，评价了全国县域尺度的生态环境质量状况，分析县域生态环境质量的空间分布格局。结果表明，我国县域生态环境质量以“良”和“一般”为主，占国土面积的 72%；东部地区县域生态环境质量好于中西部地区，中部地区县域生态环境质量以“良”为主，西部地区则以“一般”为主；在空间分布格局上，各生态环境质量类型受气候、大的地形地貌影响明显，与重要的气候分界线、山脉分布具有很好的相关性。

刘瑞等（2012）建立了一种完全基于遥感数据的县级区域生态环境状况评价模型，由生物丰度指数、植被覆盖度指数、水资源密度指数、土壤侵蚀指数和人类活动指数 5 种评价指标组成，加权求和得到区域生态环境状况指数，定量化评价了研究区域的生态环境质量。

第三章　生态环境监测技术概述

第一节　环境监测技术的发展

一、常规性监测技术

常规性监测技术又称例行监测或监视性监测，是对指定的项目进行长期、连续的监测，以确定环境质量和污染源状况，评价环境标准的实施情况和环境保护工作的进展等，是环境监测部门的日常工作。

（一）环境监测的工作内容

监测全过程主要包括布点及其优化、采样（或现场测试）及样品的运输和保管、实验室分析、数据处理、综合分析评价等环节，这也就是测取、解释和运用数据的过程。要保证监测质量，就要做好这五个环节的质量控制，同时还要做好各个环节质量管理，形成一个综合性的环境监测的工作体系。

各级监测站的质量管理部门可以分为站领导（含总工程师）、室主任（含主任工程师）和从事具体业务人员的管理。其中每一级都有各自的质量管理内容，站领导应根据上级的要求侧重于质量决策，制定质量目标、质量计划与方案，并进行统一组织，协调安排工作，保证实现总目标；室主任则要实施站里的质量决策，进行质量方针展开、目标分解，执行质量计划、方案，按照各自的职能进行具体的业务技术管理；基层人员则根据自己的具体任务要求实际，严格按照技术规范、质量保证、标准或统一分析方法、量值传递等规定，依照各环节质控要求和措施在各自的岗位上进行具体工作，完成各项任务。这就是说，监测站要按质按量完成环境监测任务，其工作职能是分散在各部门之中的，要保证监测质量，就必须将分散在各部门的质量职能充分发挥出来，要求各部门都参加。因此，环境监测是全站的管理。

环境监测所管的范围是监测全过程，要求的是全站的管理，当然要求全体职工参加。只有各级领导、管理干部、工程技术人员、技术工人、后勤人员和其他各方面人员的共同努力才能真正把监测质量搞好。只有全体职工做好本职工作，不断提高技术素质、管理素质和政治素质，树立质量第一的思想，有强烈的责任意识和事业心，才能保证环境监测质量。

（二）环境监测工作的质量要求

环境监测数据的质量是通过测取、解释和运用数据能比较真实客观地反映当地环境质量信息，及时、准确、科学、有针对性地为环境监督服务，达到改善和提高环境质量水平。

1. 数据质量

数据质量是环境监测的灵魂。

数据质量的指标是用数据的基本特性来表示的，而工作质量的指标，则是以质控数据的合格率，仪器设备的利用率、完好率等综合表示的。若数据的合格率不断提高，仪器设备的利用率、完好率均较高，站内各项规章制度不但比较健全，且能严格执行并在实践中不断修改完善，职工的向心力、凝聚力都很高，意味着工作质量的提高。

2. 工作质量

工作质量是指与监测数据质量有关的各项工作对于数据质量的保证程度。它涉及监测站的所有部门和人员，即监测站内的各级领导、各业务职能科室和每个职工的工作质量都直接或间接地影响着监测结果的质量。工作质量体现在监测全过程各个环节的质量控制和质量管理的活动之中。

工作质量是数据质量的保证，数据质量是工作质量的结果。环境监测的质量管理，不仅要抓数据质量，而且更要抓工作质量，提高科学管理的水平，才能保证和提高监测数据的质量。

（三）影响环境监测质量的因素

1. 分析方法的影响

环境监测方法是需要与时俱进，不断在实践中进行完善的，并非一成不变。同时，不同的环境污染物浓度，在分析时采用的方法也随之不同。因此，在操作过程中，一旦由于采取了不完善的方法或者搭配不当，会直接影响监测数据的准确性。

2. 仪器设备样品

在分析过程中，会受到仪器设备的影响而直接使分析结果带有误差。这是因为仪器设备往往自身会有一定的精确度和灵敏度误差。

3. 监测布点

监测工作的第一步，也是非常重要的一步就是监测布点。但是，在实际操作过程中，往往会受到地理位置、天气状况以及周边环境等影响，难以实现理论上的监测布点，而只能选取其他可代替的点位来因地制宜地进行监测。一旦监测布点与要求中的相差较远，或随意不按规范布设点位，就会使采集的样品和监测数据出现错误，无法反映真实情况。

4. 样品的采集

在日常的环境监测工作中，采样往往被认为工作简单而被忽视，其实恰恰相反。在环境监测中，如果采样方法不正确或不规范，即使操作者再细心、实验室分析再精确、实验室的质量保证和质量控制再严格，也不会得出准确的测定结果。

5. 人员素质的影响

在环境监测过程中，会涉及很多采样、监测以及分析等人员，这些人员操作技能的高低、工作态度的好坏和责任心的强弱会直接影响到监测结果的准确性。

（四）环境监测的基础工作

1. 建立健全各项规章制度

制度包括岗位责任制与管理制度，建立健全各级各类人员岗位责任制与各项管理制度并认真执行，使监测全过程处于受控状态。

2. 质量信息工作

质量信息是质量管理的耳目。一般有来自监测站外部的，也有来自监测站内部的，它是质量管理不可缺少的重要基础，也是改进和提高工作质量、监测质量的依据。

3. 标准化工作

标准是以特定的程序和形式颁发的统一规定，技术标准是对技术活动中需要统一制定的技术准则的法规；管理标准是为合理地组织力量，正确指导行政、经济管理机构行使其计划、监督、指挥、组织、控制等管理职能而制定的准则，是组织和管理工作的依据和手段。标准是质量管理的基础，质量管理是执行标准的保证。

4. 技术教育与人员培训

环境监测各项管理制度的制定和贯彻执行都需要人来进行。因此，各级环保部门应分门别类举办各种类型与不同层次的技术业务培训班，不断提高质量管理、操作技术、统计分析等业务技术水平，保证监测质量。

5. 计量工作

环境监测向社会提供监测数据，有许多采样、测试等分析仪器是属于国家强制检定的计量器具，为此，环境监测必须按计量法要求进行计量认证，对标准与工作计量器具进行定期检定或校验，同时应使用法定计量单位，以保证量值的统一和准确可靠，使数据具有公正性。

（五）事后控制

事后控制是质控过程的重点，把好最后这一关，可以及时地发现和改正错误，改善质量保证体系。实验室的事后控制主要是通过数据与记录的控制、内审、管理评审来实现的。

数据与记录的控制数据要真实、完整、准确、可靠，在技术上要经得起推敲。记录指的是实验室操作的成文依据和测量过程所有的成文记录，包括计划、方法、校准、样品、环境、仪器和数据处理等。应准确地做好成文记录和数据报告。记录的真实性和完整性是对实验室诚实的考验。对测量负有责任的人都应在记录和报告上签字，以表明技术内容的准确性。

内审是对质量管理体系进行自我检查、自我评价、自我完善的管理手段，通过定期开展内部审核，纠正和预防不合格工作，确保质量体系持续有效运行，并对质量体系的改进提供依据。

管理评审是指为了确保质量体系的适宜性、充分性、有效性，由最高管理层就质量方针和质量目标，对质量体系的现状和适应性进行正式的评价。通过管理评审对质量体系进行全面的、系统的检查和评价，确定体系改进内容，推动质量体系持续改进和向更高层次发展。管理评审由机构负责人实施，每年至少评审一次，以达到规定的质量目标。

二、应急性监测技术

随着社会的不断进步，经济的不断发展，我国的各种生产活动日益增加，同时也出现了不少的环境污染事故。这些环境污染事故不仅发生得比较突然，而且发生的形式也多种多样，处理起来比较困难。不恰当的处理不仅会破坏和污染环境，而且会影响人类的正常生活和生产，所以做好环境应急监测工作是十分重要的。应急监测包括污染事故应急监测、纠纷仲裁监测等。

（一）污染源监测

污染源监测是一种环境监测内容，主要用环境监测手段确定污染物的排放来源、排放浓度、污染物种类等，为控制污染源排放和环境影响评价提供依据，同时也是解决污染纠纷的主要依据。

污染源监测是指对污染物排放出口的排污监测，包括固体废物的产生、贮存、处置、利用排放点监测，防治污染设施运行效果监测，“三同时”项目竣工验收监测，现有污染源治理项目（含限期治理项目）竣工验收监测，排污许可证执行情况监测，污染事故应急监测等。凡从事污染源监测的单位，必须通过国家环境保护总局或省级环境保护局组织的资质认证，认证合格后方可开展污染源监测工作，资质认证办法另行制定。

（二）仲裁监测

技术仲裁环境监测的实质是一个取证的过程，是环境监测为环境管理服务的重要体现。适用于污染纠纷双方无法协商解决，而通过双方认可的第三方进行仲裁情况下的监测取证。在实际工作中，由环境监测部门的职责所决定，在处理仲裁纠纷过程中受雇于仲裁者（即服务于仲裁者）进行污染现场的调查与取证监测工作，为仲裁者在裁决时提供充足的具有代表性、准确性、经得起科学检验的证据，做出正确的判决。

1. 技术仲裁环境监测的种类

技术仲裁环境监测按照污染损害的相关因子可分为四类：噪声污染纠纷技术仲裁监

测、有害气体污染纠纷技术仲裁监测、废水污染纠纷技术仲裁监测、复合型污染纠纷技术仲裁监测（指废气、废水中多种污染物造成的污染纠纷案件）和其他类型污染纠纷技术仲裁监测。

（1）噪声污染纠纷技术仲裁监测

这一类纠纷案件多发于城市居民区，由于第三产业发展迅速，例如饭店、练歌房等多数建在居民区附近或居民楼的底层，造成噪声污染，影响居民正常生活。居民环境意识增强，信访纠纷案件增多，需要监测数据作为裁决依据。

（2）有害气体污染纠纷技术

仲裁监测有害气体造成的污染纠纷案件，主要有一次性急性污染损害纠纷和长时间慢性污染损害纠纷。一次性急性污染案件：由于这类污染事故出现较为急促，瞬间浓度较大，造成的污染损害症状较明显，所以大多数案件都在污染事故的处理过程一次结案。长时间慢性污染案件的技术仲裁较为复杂，而且这一类纠纷案件较多，大多数发生在农村。由于受害体长时间处于低浓度、低强度污染物的伤害，其损害症状要在一定时间以后才能出现。所以这一类污染纠纷的取证工作难度较大，调查与监测分析工作比较复杂，需要严谨科学调查取证。

（3）废水污染纠纷技术仲裁监测

这一类纠纷案件多发于养殖业（主要是水产养殖业）、种植业及农村的地表水和地下水污染。这类污染纠纷案件往往涉及赔偿数额较大，污染损害成因复杂，检验中牵涉相关学科较多，尤其是有关动植物和人体污染病理学等专门知识不是环境监测部门所长，所以在制定这一类污染纠纷技术仲裁监测方案时，首先要考虑本监测部门的业务承担能力，对承担检验分析有困难的专门项目，可在仲裁者同意的情况下委托给有资质的专业单位进行检验。

（4）复合型污染纠纷技术仲裁监测

这一类污染纠纷案件的污染损害成因更加复杂，有的是废水中的两种以上污染物造成的，有的是废气中多种污染物造成的，还有废水、废气两方面污染造成的污染损害。在制定这一类污染纠纷技术仲裁监测方案时必须以排查主要污染物和次要污染物为重点，只有抓住了这一主要矛盾，才能更好地推进污染纠纷仲裁工作。

（5）其他类型污染纠纷技术仲裁监测

其他类型污染纠纷技术仲裁监测主要指振动、电磁波、放射性等污染纠纷案件，这一类污染纠纷案件数量也呈上升趋势、

2. 技术仲裁环境监测过程中应注意的问题

技术仲裁环境监测不同于监视性监测和研究性监测，它除了必须执行环境监测技术规范的污染源监测技术规范外，还必须严格地遵守适合司法裁决过程的严谨程序。没有一套严谨的技术仲裁环境监测程序，就无法适应日益增多的环境污染纠纷仲裁工作的需要。在

具体的技术仲裁环境监测工作中需要注意的主要有以下几个方面。

（1）科学的制定监测方案

在接受监测的委托后，必须对纠纷案件的现场进行详细周密的调查。主要调查的内容有：造成污染纠纷的污染物类型；污染物损害争议的焦点；现场的自然环境条件等。在现场调查研究的基础上，确立可疑污染物及污染损害可疑过程，并针对这些可疑问题制定出科学合理的监测方案。监测方案实施前应经过仲裁者、原告方、被告方的同意后，方可实施。

（2）确保样品的代表性

在监测采样过程中，要严格执行采集样品的技术规定，同时采样时有仲裁者（或委托的公证人）、原告方、被告方在现场进行监督，采样点位应按监测方案执行。如果临时需要变更监测点位或增减监测点位，必须得到上述三方的认可，并在监测点位示意图上签字存证。

（3）加强质量控制措施

要采取一切预防措施，保证从样品采集到测定过程中，样品待测组分不产生任何变异或者使发生的变化控制在最低程度。加强仪器设备的检定和使用前的校准工作，确保监测数据的准确。加强样品分析过程质量控制，以达到数据准确可靠的目的。采集平行样用于监测分析的样品，必须采集双份。一份用于分析监测，另一份封存备查。采样原始记录应由三方签字。

（4）分析方法标准化

在分析检验过程中，优先使用国家、行业、国际、区域标准发布的方法和其他被证明为可靠的分析方法。在实际工作中要排除干扰，不受任何的行政、财务和其他压力的影响，保持判断的独立性和诚实性。近年来，各类环境污染纠纷案件逐渐增多，由于没有统一的技术仲裁监测规范，已经影响了各类环境监测部门技术仲裁监测工作的顺利开展。面对逐渐增多的环境污染纠纷案件，和如此复杂的技术仲裁监测，没有统一的技术规范的指导是很难完成这项重要的监测工作的。必须尽快地建立健全技术仲裁监测规范，促进技术仲裁监测工作的健康发展。

三、气象监测技术

受极端气象因素影响，农作物产量减少。在地域性与季风性气候的影响下，气象灾害频发，同时，灾害具备广泛性与持续性特点，常常会带来一定经济损失和人员伤亡。国内农业基础设施与群众防范性较差，因此，难以在源头上应对气象灾害。

（一）农业主要气象灾害

农业气象灾害主要包括干旱、沙尘暴、冰雹、干热风、暴雨和低温冻害等灾害。在一定程度上给国家经济的发展带来损失。

农业气象灾害为原生自然灾害中的一种，具有种类多、涉猎范围广、频率发生较高、群发性特点较为明显、持续时间相对较长及灾情较为严重等特点。农业气象灾害在一定程度上和国家的气候特点密切相关。受地形、纬度、海陆等位置方面影响，国内气候具有多样化等特点。我国灾害性天气时常发生，农业作为国民经济产业中的主要产业，经常受到洪水、台风、寒潮等方面气象灾害影响。寒潮问题多发生在冬季、秋末等时期，且会对农业活动带来较大危害；台风多发生在我国东南沿海区域，破坏力较强，且多伴随暴雨与大风天气；洪水为危害较大的一种自然灾害，其出现会导致生态环境的改变、人员伤亡、水源污染等问题产生，严重的还会导致农作物淹没，最终制约农业全面健康发展。

（二）农业气象灾害指标

1. 干旱指标

干旱指标可以有效说明土壤干旱程度，即用数值的方法展现旱情，在分析旱情期间，能充分发挥综合对比作用，同时，还能为干旱监测提供充分保障。干旱灾害体系较为复杂，受到下垫面、地理位置等方面因素的影响，干旱指标获得十分困难，很难研制出应用性较强的指标。现阶段，干旱指标体系种类较多，常见的干旱指标包含降水量和降水量距平百分比、标准化降水指数、相对湿润度指数等。

2. 低温冷害指标

低温冷害即农作物生产期间，因温度较低、热量不足难以维持作物生长发育的灾害。一般情况下，借助温度距平及积温距平代表低温冷害指标。国内南北区域跨越较大，不同区域低温冷害判定指标存在明显差异。比如，东北区域常选择 6 ~ 10 月温度为指标，华北地区选用 5 ~ 9 月获取指标。在生产季积温距平指标方面，研究人员应结合不同区域与时间段的气候情况，实施相应的低温冷害监测技术。

3. 寒害指标

冬季经常会遇到比平均气温低的情况，这一温度经常会导致农作物出现寒害情况。一般寒害多发生在东北及华北地区，但随着近几年国内南方区域寒害问题出现，使得很多亚热带果蔬作物受害。判定寒害指标的方法很多，常用的判断因素主要为温湿度，通常情况下，若温度比正常温度小 10℃，容易产生寒害。同时，低温环境下，空气湿度相对较大，水分常常凝结成霜，导致农作物茎叶冻伤。

4. 洪涝指标

洪涝问题多出现在降雨量较多区域，热带气旋、风暴潮等区域情况尤为明显，导致次生灾害频繁发生。洪涝灾情监测指标包含扩展指标与基本指标。其中，扩展指标作为评估年度风险与发生次数的主要基础，基本指标则用来评估对象选定指标。

（三）农业气象灾害监测技术

1. 农业气象灾害地面监测

农业气象灾害监测法和地面监测一样，因地面监测具有一定时效性与准确性，可以为其他技术发展提供充分保障，但地面监测点相对零散，消耗时间较多。农业气象灾害监测多需要结合地面土壤温湿度等情况，然后与灾害指标体系联合开展监测。例如，在监测干旱情况期间，工作人员以农田蒸散量为依据，对干旱情况进行合理监测，目前，该项技术在国内广受关注。在地理信息系统技术与模型快速发展期间，农业气象灾害监测越来越具体，以信息资源整合为基础，地理位置信息分辨越来越准确。此外，农业气象灾害地面监测多依靠农作物模拟与物联网技术，在监测技术的支持下，其气象灾害监测逐渐朝着多样化方向发展。近年来，不断发展的物联网技术，可以促进农业气象灾害监测工作开展。比如，研究人员将物联网技术当作主要基础，努力研发了多种学科知识技术体系，有助于提升农业气象服务整体水平。

2. 农业气象灾害遥感监测

农业气象灾害监测工具以卫星遥感技术为主。现阶段，遥感监测技术多应用在洪灾、干旱等气象灾害当中。一般情况下，卫星遥感监测多应用在干旱监测中。在国内，遥感技术监测干旱多以热惯量法与作物缺水指数法为主，利用雷达对土壤水分进行合理监测，在发射与接收雷达信息期间，对信息进行全面整合，如此即可得到作物形状和土壤所需水分，便于对干旱发生时间进行合理预测。评估全国干旱问题时，应多评价温度植被干旱指数、热惯量植被干旱指数等数据，然后借助监测土壤湿度对上述数据进行检查。此外，很多专家借助可见光、微波遥感技术等也可监测农业干旱情况。近几年，研究人员以农业气象灾害立体监测为主，借助气象监测、遥感监测等数据，创建全方位、覆盖面较大的作物所需水分、降水量、土壤温湿度等方面监测技术。

3. 农业气象灾害预测技术

地理信息系统（GIS）预测技术，只能制作某一时间内与区域内的最低温度预报。其原理为应用地理信息技术与某些指标，借助地理信息技术对预报值进行修正，例如经纬度、海拔等，便于绘制温度预报值。GIS 预测技术结果十分客观，且能对农业气象灾害预测进行合理指导。有关部门在获得预测结果后可借助网络发布，便于让人们做好防护工作，有效减少实际经济损失。发布形式是借助综合性质农业气象灾害预测发布系统，使用户在短期内获得相应信息，同时和地理情况相结合，有效采取防控措施，便于减少实际经济损失。所以，有关部门在进行气象灾害预测期间，需要建立综合服务系统。具体而言，应结合不同预测情况，创建不同种类预测模型，便于在判定农业气象灾害期间，积极预测农业气象灾害，帮助用户消减农业气象灾害风险，从而全面减少实际经济损失。

当前，数理统计预报应用范围较广，主要将灾害指标当作主要凭据，借助时间序列与多元回归等方法，合理预测气象灾害情况。时间序列分析法多借助气象灾害发生周期与规律为基础，合理预测气象灾害发生情况。具体操作期间，应结合气象灾害均生函数创建周期自变量预测模型。比如，一些研究将气象灾害面积当作样本，创建模型群，便于合理预测灾害形式。多元回归分析可以分析和灾害发生密切相关的要素，然后将各项要素当作主要依据，便于对灾害情况进行合理预测。多元回归分析常用要素包含大气环流特征量与气象要素，借助判别与相关法律应用，可以有效创建预测模型。农业气象灾害动态监测作为近年来国内外学者研究的主要内容，可以有效提升监测准确性。

以农田水分平衡方程为基础，通过分析每日气象要素情况，就能及时预测土壤当中水分含量，便于为干旱预报提供足够数据，制订合理灌溉计划。因不同作物健康生长期间，对水分的要求不同，所以可以将土壤中的水分含量当作主要依据，联合作物生长发育情况，创建干旱识别与预测模型。比如，借助作物生产模型，合理应用气象要素与历史平均气候数据，来预测棉花冷害情况发生。

四、生态环境遥感监测技术

随着遥感技术从可见光向全谱段、从被动向主被动协同、从低分辨率向高精度的快速发展，在生态环境领域的应用越来越广泛，显著提升了生态环境监测能力。在美欧发达国家，大气环境方面实现了云、水汽、气溶胶、二氧化硫、二氧化氮、臭氧、二氧化碳、甲烷等的动态遥感监测，水环境方面实现了叶绿素、悬浮物、透明度、可溶性有机物、海表温度、海冰等的动态遥感监测，陆地生态方面实现了植被指数、叶面积指数、植被覆盖度、光合有效辐射、土壤水分、林火、冰川等的动态遥感监测。由此可以看出，生态环境遥感主要就是利用遥感技术定量获取大气环境、水环境、土壤环境和生态状况等数据信息，对生态环境现状及其变化特征进行分析判断，有效支撑生态环境管理和科学决策的一门交叉学科。40 多年来，中国生态环境遥感技术发展迅速。本文通过树立典型应用案例，回顾了中国生态环境遥感监测能力、对地观测能力、支撑生态文明建设等方面的发展历程，讨论了未来发展所面临的关键科学问题。

（一）生态环境遥感监测能力

中国生态环境遥感监测能力显著提升，应用领域逐步扩大，空间分辨率和定量反演精度明显提高，获取数据的时效性大幅提高。

1. 监测领域逐步扩大

20 世纪 80 年代，历时 4 年的天津 – 渤海湾地区环境遥感试验对城市环境状况和污染源进行了监测，开启了生态环境遥感监测应用的序幕。1983—1985 年，城乡建设环境保护部等部门联合开展北京航空遥感综合调查，获取了烟囱高度及分布、废弃物分布等重要的生态环境信息。“七五”期间，我国开展了“三北”防护林遥感综合调查，采用遥感和地面调查相结合的方式理清了黄土高原水土流失和农林牧资源现状等。1986—1990 年中国科学院遥感应用研究所依托唐山遥感试验场开展唐山环境区划及工业布局适宜度、生活居住适宜度的评价研究。20 世纪 90 年代，生态环境遥感应用集中在水土流失、土地退化等生态问题调查以及环境综合评价等方面。1992—1995 年，中国科学院和农业部完成国家资源环境的组合分类调查和典型地区的资源环境动态研究，分析了中国基本资源环境的现状。

进入 21 世纪以来，快速发展的卫星遥感技术在生态领域得到了迅速应用。2000—2002 年，国家环境保护总局先后组织开展中国西部和中东部地区生态环境现状遥感调查。朱会义等利用 1985 年和 1995 年共 2 期 TM 影像分析了环渤海地区的土地利用情况。刘军会和高吉喜利用遥感、GIS 技术和景观生态学方法界定了北方农牧交错带及界线变迁区的地理位置，分析了 1986—2000 年界线变迁区的土地利用和景观格局时空变化特征。刘军会等基于 MODIS 遥感数据和 GIS 技术建立敏感性评价指标体系及评价模型，开展生态环境敏感性综合评价。侯鹏等利用遥感技术开展了重点生态功能区、生态保护红线等区域监测评估，分析了自然保护地及其生态安全格局关系。目前，生态环境部卫星环境应用中心利用遥感技术对自然保护区、生物多样性保护优先区域、重点生态功能区、国家公园、生态保护红线等进行定期监测。

在大气环境监测方面，郑新江等利用 FY-1C 气象卫星监测塔里木盆地及北京沙尘暴过程。何立明等基于 MODIS 数据开展秸秆焚烧监测。高一博等基于 OMI 数据研究中国 2005—2012 年 SO_2 时空变化特征。周春艳等利用 OMI 数据分析了中国几个省市区域 2005—2015 年的 NO_2 时空变化及影响因素。孟倩文和尹球利用 AIRS 数据分析中国 CO_2 在 2003—2012 年的时空变化。张兴赢等利用美国 Aqua-AIRS 遥感资料分析中国地区 2003—2008 年对流层中高层大气 CH_4 的时空分布特征，发现受近地层自然排放与人为活动影响，CH_4 在垂直分布上随高度增加而下降的典型变化趋势。

在水环境监测方面，我国许多学者利用 MODIS、CHRIS、HJ-1 卫星等数据对太湖、巢湖、滇池等内陆湖泊开展了水华、水质、富营养化等遥感应用。吴传庆开展了太湖富营养化高光谱遥感监测机理研究和试验应用。马荣华等从卫星传感器、大气校正、光学特性测量、生物光学模型及水体辐射传输、水质参数反演方法等方面总结了湖泊水色遥感研究进展。郭宇龙等、杜成功等同时利用 GOCI 卫星数据开展了太湖叶绿素、总磷浓度反演研究。在城镇黑臭水体、饮用水源地水质及环境风险遥感方面也开展了大量应用研究。Pan 等采用基于 STARFM 的时空融合方法，运用 Land-sat-8/OLI 和 GOCI 数据，研究了长江口高分辨率悬浮颗粒物的逐时变化情况。

在土壤环境监测方面，一些学者从元素类型、监测对象、污染场地等方面，开展了多光谱及高光谱遥感的土壤污染监测研究。熊文成等综述了土壤污染遥感监测进展，并针对土壤污染管理需求，提出了土壤污染源遥感监管、遥感技术服务风险、遥感技术服务土壤调查布点优化、开展土壤污染遥感反演与试点研究等发展方向。蔡东全等利用 HJ-1A 高光谱遥感数据研究发现铜、锰、镍、铅、砷在480~950nm波段内具有较好的遥感建模和反演效果。土壤光谱表现出来的重金属光谱特性非常微弱，植被受污染胁迫表现出的光谱变化特征比土壤更敏感，受重金属污染后的土壤上生长的植被的光谱特征将发生改变。宋婷婷等基于ASTER遥感影像研究土壤锌污染，发现在481、1000、1220nm处是锌的敏感波段，相关性最好的波段在515nm处。

从应用领域上看，不再局限于城市环境遥感，从土地利用、覆盖变化和大气、水、土壤污染定性的环境监测，逐步扩展到大气、水、土壤、生态参数的定量化监测，广泛应用于区域生态监测评估、环境影响评价、核安全和环境应急等领域。遥感技术也从以航空遥感为主转变为卫星遥感为主。

2. 监测精度明显提升

中国生态环境遥感早期的应用主要以定性为主。随着卫星遥感技术的发展，卫星的数量和载荷的空间分辨率、光谱分辨率等大幅提高，对地物细节的分辨能力、生态环境要素及其变化的监测精度也大大增强，生态环境定量化遥感监测水平明显提高。张冲冲等利用环境卫星CCD数据采用非监督分类方法提取长白山地区植被覆盖信息，总体精度为84.67%。张方利等利用QuickBird高分影像建立一种融合多分辨率对象的城市固废提取方法，对露天城市固废堆的识别精度高达75%。郭舟等利用QuickBird影像采用面向对象分析手段，城市建设区识别率为89.7%。张洁等基于高分一号卫星影像，采用面向对象结合分形网络演化多尺度分割方法，对青海省天峻县江仓第五露天矿区进行信息提取和分类，有效减少混合像元干扰，总分类精度为88.45%。杨俊芳等基于高分一号和二号卫星数据发展了一种结合空间位置与决策树分类的互花米草信息提取方法，对互花米草信息的分类识别精度为97.05%。

伴随着卫星对地观测数据空间分辨率的提高，从1972年开始的78m，到1982年开始的30m，到1986年开始的10m，到1999年开始的亚米级高分辨率数据，陆表信息识别和分类监测精度得到显著提升。

土壤污染遥感监测大多局限于实验室分析、地面和机载航空遥感的应用，星载高光谱技术监测土壤污染的研究还较少。目前，在生态环境管理应用方面，主要是识别疑似污染场地。黄长平等分析了南京城郊土壤重金属铜遥感反演的10个敏感波段。张雅琼等基于GF-1卫星影像快速获取了深圳市部九窝余泥渣土场的信息，验证表明归一化绿红差异指数提取精度在97.5%以上。

3. 监测时效大幅增强

卫星遥感对陆表生态环境的监测时效性取决于卫星遥感数据源的时间分辨率，也就是卫星的重访周期。重访周期越短，时间分辨率越高，监测时效性就越强。根据现有的主要卫星遥感数据源可以分为三种：小时级的时间分辨率卫星数据；日 / 周级的时间分辨率卫星数据；旬 / 月级的时间分辨率卫星数据。

（1）小时级的时间分辨率。

卫星数据时间分辨率以几小时左右为主，以极轨类和静止类的气象观测卫星为代表，主要是低空间分辨率的卫星遥感数据，除气象观测之外还可以用于监测大气环境和全球、区域、国家尺度的宏观生态。代表性的卫星遥感数据源有美国的 AVHRR 系列和 MODIS 系列以及中国的 FY 系列等，通过两颗星上下午组网可以实现一天 2 次的全球覆盖，除气象观测之外还可用于对植被覆盖、生物量、热岛效应、水体分布等进行监测。尽管 AVHRR 系列卫星的时间分辨率相同，但是自 20 世纪 80 年代以来，对地观测性能得到明显提升，由实验星成为业务星、8km 分辨率提升为 1km 分辨率、4 个光谱波增加为 5 个光谱波段。1999 年 MODIS 卫星的投入使用，更是将光谱波段增加至 36 个。美国的 AURA-OMI 等可用于大气污染气体、温室气体、气溶胶等进行监测。对于高轨道地球静止卫星，时间分辨率更高，可以达到分钟级和秒级，如日本的 Himawari、韩国的 COMS、中国的 GF-4 号卫星和 FY-4A 等。

（2）日 / 周级的时间分辨率。

卫星数据时间分辨率以几天或者一周左右为主，以陆地观测类小卫星星座和海洋类观测卫星为代表，主要是高空间分辨率的卫星遥感数据，可以用于生态、水、大气环境的精细化监测。这类卫星多数采用组网运行的方式，时间分辨率和空间分辨率同时得到显著提升。代表性的卫星遥感数据源有美国的 IKONOS、QuickBird 和 WorldView 系列及中国 GF 系列、ZY 系列和 HJ 系列卫星等，卫星的重访周期都是几天，可对小区域的植被覆盖、土地利用、生态系统分类、人类活动、城市固废、水质、水污染、风险源、地表 / 水表温度、热异常等进行监测。1999 年美国 IKONOS 卫星发射和运行，开启了亚米级高时间分辨率、高空间分辨率对地观测的序幕，将对地观测重访周期提升至 1~3d。在我国，2013 年发射得高分 1 号卫星空间分辨率达到 2m，2014 年发射的高分 2 号卫星空间分辨率达到 0.8m，重访周期约为 4d，显著提升了中国生态环境的精细化监测能力。

（3）旬 / 月级的时间分辨率。

卫星数据时间分辨率以半个月或 1 个月为主，以极轨类的陆地资源卫星为代表，主要是中分辨率的卫星遥感数据，可用于生态、水、大气环境的精细化监测。代表性的卫星遥感数据源有美国的 Landsat 系列和法国的 SPOT 系列，可用于监测城市或省域尺度的植被覆盖、生态系统分类、地表 / 水表温度、热异常、水质、气溶胶等。自 1972 年发射首颗 Landsat 卫星以来，其系列卫星的对地观测性能不断得到提升和改进，最初是 78m 分辨率、4 个光谱波段、18d 的重访周期，2013 年发射的 Landsat-8 卫星空间分辨率提升至 15m、光谱波段增加至 11 个、重访周期提升至 16d。SPOT 系列卫星的时间分辨率为 26d。自 1986 年发射首颗卫星以来，SPOT 系列卫星的空间分辨率由 10m 提升至 1.5m，2014 年发射的 SPOT-7 卫星与 SPOT-6、Pleiades1A/B 组成四星星座，具备每日两次的重访能力。

（二）生态环境遥感对地观测能力

随着中国科学技术综合实力的日益增强，生态环境遥感对地观测能力具有显著变化，现在发展到了以国内卫星遥感数据为主的快速发展阶段。同时，我国自主的生态环境遥感对地观测能力在时空分辨率方面有了显著增强。

1. 环境卫星发展期（2008—2013 年）

2008 年 9 月发射的 HJ-1A/B 卫星使我国环境遥感监测迈入新纪元，拉开了国产自主环境卫星生态环境遥感应用的序幕，其多光谱相机空间分辨率为 30m，幅宽达 720km，是国际上类似分辨率载荷地面幅宽最宽的卫星，大幅提升了对全国甚至全球的数据获取能力。环境保护部联合中国科学院于 2011 年启动了全国生态环境十年变化（2000—2010 年）调查与评估专项工作，综合利用国产环境卫星和国外卫星遥感数据，从国家、典型区域和省域三个空间尺度，对全国生态环境开展调查评估。

生态环境遥感研究应用方面，万华伟等利用 HJ-1 卫星高光谱数据对江苏宜兴的入侵物种——加拿大一枝黄花的空间分布进行监测，结果显示利用高光谱数据可实现物种定位。刘晓曼等设计了一套基于 HJ-1 卫星 CCD 数据的自然保护区生态系统健康评价方法、指标体系和技术流程，并选择吉林向海湿地自然保护区作为应用示范评价其生态系统健康现状。张冲冲等以长白山为例，开展基于多时相 HJ-1 卫星 CCD 数据的植被覆盖信息快速提取研究。高明亮等利用环境卫星数据开展黄河湿地植被生物量反演研究。赵少华等采用单通道算法把 HJ-1B-IRS 卫星数据应用于宁夏地区地表温度反演。上述应用都取得较好效果。

大气环境遥感应用方面，王桥和郑丙辉基于 HJ-1B-IRS 遥感数据，通过比较其第 3 波段中红外通道和第 4 波段热红外通道在同一像元亮度温度的差异，提取潜在热异常点，并根据背景环境温度及土地分类信息，识别耕地范围内秸秆焚烧点。贺宝华等提出基于观测几何的环境卫星红外相机遥感火点监测算法，用高分辨率卫星影像和 MODIS 火点产品对环境卫星数据进行验证和比对，表明其在火点定位以及小面积火点识别方面具有优势。王中挺等利用 HJ-1 卫星 CCD 数据开展了 pm10 和霾的遥感监测，结果表明卫星的时空分辨率满足 pm10 周监测需要，但其辐射分辨率尚不能完全满足霾监测需求。方莉等利用 HJ-1 卫星在北京地区进行气溶胶反演研究，监测效果较好。

水环境遥感应用方面，王彦飞等从信噪比和数据真实性、倾斜条纹去除方法、大气校正方法等方面评价了 HJ-1 卫星高光谱数据对巢湖水质监测的适应性，发现其处于 530~900nm 的数据质量较好。杨煜等利用 HJ-1 卫星高光谱数据，通过建立三波段模型开展巢湖叶绿素浓度的反演。朱利等利用 HJ-1 卫星多光谱数据，针对我国内陆水体提出叶绿素、悬浮物、透明度和富营养化的遥感监测模型，并在巢湖地区开展试验验证。潘邦龙等基于 HJ-1 卫星超光谱数据，采用多元回归克里格模型反演湖泊总氮、总磷浓度。余晓磊和巫兆聪利用 HJ-1 热红外影像反演了渤海海表温度，发现其与美国的 MODIS 海表温度产品相关性较好。

中国生态环境遥感监测虽起步较晚但发展迅速，自环境一号卫星发射以来，卫星环境遥感技术得到了长足发展，出现一批以环境一号卫星生态环境遥感应用为目标的各种新技术、模型方法，呈现出环境一号卫星和国外卫星应用并举、国产卫星应用比例逐步加大的新局面，并基本建立了环境遥感技术体系等。我国环保部门利用卫星、航空等遥感数据，全面开展了环境污染、生态系统、核安全监管等方面的遥感监测业务，同时在环境应急监测方面取得突出成果，如大连溢油、松花江化学污染、舟曲泥石流、玉树地震、北方沙尘暴、官厅水库水色异常等环境事故应急监测和评估。为环境应急管理提供了高效的技术和信息支撑，目前环境遥感监测已成为常态化业务工作。

2. 高分卫星应用期（2013—2020 年）

李德仁等在 2012 年指出航空航天遥感正向高空间分辨率、高光谱分辨率、高时间分辨率、多极化、多角度的方向迅猛发展。2013 年 4 月，高分一号卫星的成功发射拉开了国产高分卫星应用的序幕，该星搭载 2m 全色 /8m 多光谱相机（幅宽 60km）和大幅宽（800km）16m 多光谱相机。生态环境部等国内许多单位利用高分系列卫星开展了大量生态环境遥感监测、应用和研究工作，为我国环境管理、研究等提供了强力支撑。

高磊和卢刚利用 GF-1 卫星数据估算了南京江北新区植被覆盖率，快速有效地反映地表植被的空间分布状况。张洁等基于面向对象分类法和 GF-1 卫星影像，开展青海省天峻县江仓第五露天矿区分类技术研究，实现高海拔脆弱生态环境下露天矿区的地物信息提取。由佳等以 GF-4 卫星数据为数据源开展了东洞庭湖湿地植被类型监测，发现 GF-4 影像可识别主要湿地植被类型。杨俊芳等基于 GF-1 和 GF-2 卫星数据监测了黄河三角洲入侵植物互花米草。雷志斌等基于 GF-3 雷达卫星和 Landsat8 遥感数据，发展一种主动微波和光学数据协同反演浓密植被覆盖地表土壤水分模型，在山东省禹城实现了较好应用。

赵少华等介绍了 GF-1 卫星在气溶胶光学厚度、水华、水质、自然保护区人类活动等生态环境遥感监测和评价中的应用示范情况。侯爱华等利用 2015 年 6—9 月 GF-1 卫星数据反演的 Pm2.5 浓度发现与地面监测结果较为接近相关性较高，加入地理加权回归能明显提高模型精度，较好地反映 Pm2.5 的空间分布，但在 Pm2.5 浓度较高时模型会出现低估现象。薛兴盛等利用 GF-1 卫星反演徐州市气溶胶光学厚度并分析其空间特征。王中挺、王艳莉等基于 GF-4 卫星数据开展了气溶胶反演，利用地面观测结果验证发现二者之间具有较高的相关性，表明该方法能较好地反映气溶胶的空间分布。屈冉等利用 GF-1 卫星在山东寿光开展农膜遥感信息提取技术研究，结果表明其可较好提取农膜信息。张雅琼等利用 GF-1 卫星影像研究提出了生态空间周边淤泥渣土场快速提取方法。

彭保发等基于 GF-1 卫星影像对 2014—2016 年洞庭湖水体的叶绿素 a 浓度、悬浮物浓度和透明度开展遥感监测，结果表明 GF-1 号卫星可精确反映水质的空间变化规律。温爽等以南京市为例开展基于 GF-2 卫星影像的城市黑臭水体遥感识别，发现黑臭河段分布具有范围广且不连续的特征。龚文峰等基于 GF-2 卫星遥感影像开展了界河水体信息提取，发现支持向量机法和改进阴影水体指数法可应用于GF-2地表水体提取。范剑超等利用GF-3号卫星，以大连金州湾为例研究围填海监测方法，调查验证表明其可以有效获取围填海信息。杨超宇等利用GF-4卫星数据监测了广西临近海域赤潮、叶绿素浓度等。

这个时期生态环境遥感技术发展再次飞跃，中国发射国产高分系列卫星和相关环境应用卫星，形成以国产高分卫星为主的生态环境遥感应用良好局面，未来中国还将发射并立项一批环境后续卫星，国产卫星对国外卫星数据的替代率将进一步提高，生态环境部机构组建完成并开始发挥更强有力的作用，国家组织完成全国生态系统状况十年变化调查评估、全国生态系统状况五年变化调查评估，生态环境遥感应用进入发展的黄金时期。

（三）生态环境遥感支撑生态文明建设

生态环境遥感监测已经成为生态环境监测不可或缺的重要组成部分，在全国生态状况调查评估、污染防治攻坚战、应急与监督执法等方面发挥着重要作用，有力的支撑着我国生态文明建设。

1. 全国生态状况定期调查评估

2000年以来，生态环境部（原环境保护部、国家环境保护总局）联合相关部门已经完成了三次调查评估，对生态状况总体变化做出判断。2000年以来，中国的生态状况总体在好转，特别是党的十八大以来，党中央、国务院高度重视生态环境保护，采取了一系列措施，取得了积极成效，改善趋势更加明显。其中，第一次是与国家测绘局合作，分别于2000年和2002年开展了中西部、东部生态环境现状遥感调查。第二次和第三次是与中国科学院合作，分别完成了全国生态环境十年变化（2000—2010年）调查评估、全国生态变化（2010—2015年）调查与评估，构建形成了“天地一体化”生态状况调查技术体系，建立形成“格局—质量—功能—问题—胁迫”的国家生态评估框架，成果在长江经济带和京津冀等区域生态环境规划、全国生态环境保护规划、全国生态功能区划及修编、生态保护红线划定等多项重要工作中发挥了基础性支撑作用，尤其是在推动形成和落实主体功能区战略方面发挥了重要作用。2020年5月，生态环境部和中国科学院启动了2015—2020年全国生态状况变化调查评估工作。

随着生态文明理念的提出，国家多个部门也陆续利用多源遥感技术开展了多个方面的生态监测评估。2013年水利部门完成的水土保持情况普查，首次利用了地面调查与遥感技术相结合的方法，查清了西北黄土高原区和东北黑土区的侵蚀沟道的数量、分布与面积。2017年农业部门启动的全国第二次草地资源清查工作，要求将已有数据资料和中高分辨率卫星遥感数据相结合，形成1：5万比例尺的预判地图。2017年开始，气象部门以遥感监测的植被净初级生产力和覆盖度为主开展植被生态监测，每年发布《全国生态气象公报》。2014年开始，科技部组织有关科研单位每年选择一些专题开展全球生态环境遥感监测，2019年选择了全球森林覆盖状况及变化、全球土地退化态势、全球重大自然灾害及影响、全球大宗粮油作物生产与粮食安全形势五个专题。

2. 污染防治攻坚战的遥感支撑

为了切实改善环境质量，党的十九大报告中首次提出要坚决打好污染防治攻坚战，生态环境部是牵头负责部门。围绕着国家重大需求，生态环境部卫星环境应用中心在生态、大气、水和土壤方面开展了一系列生态环境遥感监测的业务化应用。主要有以下几点：

（1）在自然生态方面。

2012 年开始的国家重点生态功能区县域考核监测，累计对 60 多个考核县域进行无人机飞行抽查发现大量生态破坏情况，有力支持县域生态环境质量考核及转移支付资金分配状况调查。2016 年开始，每年 2 次对国家级自然保护区、每年 1 次对省级自然保护区人类活动变化开展遥感动态监测，以及对生物多样性保护优先区域开展定期遥感监测。2017 年前后，进行对秦岭北麓生态破坏、祁连山生态破坏、腾格里沙漠工业排污、青海木里矿区资源开发生态影响等重大事件的遥感监测，有力支撑了国家生态保护管理。2018 年全面启动了国家生态保护红线监管平台项目建设。

（2）在蓝天保卫战方面。

2012 年细颗粒物 Pm2.5 纳入空气质量监测范围和 2013 年国务院印发《大气污染防治行动计划》之后，开展全国重点区域秸秆焚烧遥感监测、灰霾和 Pm2.5 遥感监测。2017 年提出污染防治攻坚战之后，开展对蓝天保卫战重点区域的“散乱污”企业监管，同时对全国、京津冀及周边主要城市、长江三角洲地区、汾渭平原等区域的大气细颗粒物浓度、灰霾天数、污染气体浓度开展遥感监测。

（3）在碧水保卫战方面。

实现了每周对太湖、巢湖、滇池蓝藻水华和富营养化的遥感动态监测，开展了全国 300 多个饮用水源地、80 多个良好湖库、36 个重点城市黑臭水体、近岸海域赤潮和溢油等遥感监测。2015 年国务院印发《水污染防治行动计划》之后，饮用水源地监管、黑臭水体监测和面源污染监测业务得到快速发展，先后完成 2017 年和 2018 年全国 1km 网格农业和城镇面源污染遥感监测与评估，2019 年开展了渤海、长江入海（河）排污口无人机排查。

（4）在净土保卫战方面。

在 2016 年国务院印发《土壤污染防治行动计划》之后，土壤遥感监测业务得到快速发展。根据土壤污染详查工作需要，开展了土壤污染重点行业企业筛选、重点行业企业空间位置遥感核实等工作，研发了土壤重点污染源遥感核查平台，制定土壤重点污染源清单及空间位置确定技术规定，开展全国重点行业企业土壤污染风险遥感评价等。由于蓝天保卫战是污染防治攻坚战中的重中之重，除了生态环境部门之外，气象部门围绕着大气成分也开展了大量的遥感监测研究，张艳等监测了大气臭氧总量分布及其变化，张晔萍等监测全球和中国区域大气 CO_2 变化，李晓静等监测了全球大气气溶胶光学厚度变化。京津冀地区作为重点关注区域，李令军等基于卫星遥感与地面监测分析了北京大气 NO_2 污染特征。作为科学研究，孙冉开展了中国中东部大气颗粒物光学特性卫星和地面遥感的联合监测，胡蝶开展了中国地区大气气溶胶光学厚度的卫星遥感监测分析。

3. 应急与监督执法等遥感技术支持

针对生态环境应急事件和监督执法，生态环境部卫星环境应用中心利用卫星和无人机等遥感技术，开展了大量业务化应用。在中央生态环境保护督察和监督执法方面，2017年开始针对自然保护区有关问题和督察发现的有关问题的整改情况开展了“回头看”遥感监测，2014—2015年对河北、河南、山东、山西等地工业集聚区大气污染源进行60多次无人机核查。在环境影响评价方面，2017—2019年开展长江经济带沿江区域工业聚集区土地利用变化分析及重点问题区域识别，2017—2018年完成兰渝铁路、京新高速乌海西段建设项目施工期地表扰动遥感监测，2016年开展了京津冀地区规划环评遥感分析，2014—2019年开展成兰铁路建设施工期环境监理遥感监测。

国土资源部门自2010年起就开始利用遥感技术开展监管执法，重点对土地利用是否合法合规、矿产资源开采是否合法合规等进行监测监管，服务于监督执法，初步形成了“天上看、地上查、网上核”的立体监管体系。水利部门在2012年编制发布了《水土保持遥感监测技术规范》，利用遥感技术开展生态建设项目水土保持遥感监管，及时发现破坏水土保持功能的违法违规行为。

第二节　环境监测对污染源的控制

一、水质污染监测及控制

水质监测是监视和测定水体中污染物的种类、各类污染物的浓度及变化趋势，评价水质状况的过程。按一定技术要求定期或连续测定和分析水体的水质。根据地球化学、水污染源的地理和区域差异，在一定范围内设置水质监测站，形成监测网络，长期监测，积累资料，为水质管理、水质评价和水质规划等提供科学依据。因此，水质监测是合理开发利用、管理和保护水资源的一项重要基础工作，是实施水资源统一管理、依法行政的必要条件。

（一）水质监测主要技术

1. 水质监测项目及技术概述

水质监测的范围十分广泛，包括未被污染和已受污染的天然水（江、河、湖、海和地下水）及各种各样的工业排水等。主要监测项目可分为两大类：一类是反映水质状况的综合指标，如温度、色度、浊度、pH值、电导率、悬浮物、溶解氧、化学需氧量和生物需氧量等；另一类是一些有毒物质，如酚、氰、砷、铅、铬、镉、汞和有机农药等。为了客观地监测江河和海洋水质的状况，除上述监测项目外，有时还需要进行流速和流量的测定。

水质分析的主要手段有化学方法、物理学方法和生物学方法三种。化学方法有化学分析方法和仪器分析法两种，前者以物质的化学特性为基础，适用于常量分析，且设备简单，准确度高，但操作比较费时；后者以物质的物理或物理化学特性为基础，使用特定仪器进行分析，适用于快速分析和微量分析，但设备较复杂。

物理学方法（如遥感技术）一般只能做定性描述，必须与化学方法相配合，方能确定水体污染的性质。生物学方法是根据生物与环境相适应的原理，通过测定水生生物和有机污染物的变化来间接判断水质。

2. 无机污染物监测技术

（1）原子吸收和原子荧光法。

火焰原子吸收和氢化物发生原子吸收、石墨炉原子吸收相继发展，可用来测定水中多数痕量、超痕量金属元素。我国开发的原子荧光仪器可同时测定水中砷（As）、硒（Se）、锑（Sb）、铋（Bi）、铅（Pb）、锡（Sn）、碲（Te）、锗（Ge）八种元素的化合物。用于这些易生成氢化物元素的分析具有较高的灵敏度和准确度，且基体干扰较少。

（2）等离子体发射光谱法（ICP-AES）。

等离子体发射光谱法几近年发展很快，已用于清洁水基体成分、废水重金属及底质、生物样品中多元素的同时测定。其灵敏度、准确度与火焰原子吸收法大体相当而且效率高，一次进样，可同时测定 10~30 个元素。

（3）等离子发射光谱—质谱法（ICP-MS）。

ICP-MS 法是以 ICP（电感耦合等离子体）为离子化源的质谱分析方法，其灵敏度比等离子体发射光谱法高 2~3 个数量级，特别是当测定质量数在 100 以上的元素时，其灵敏度更高，检出限制更低。

3. 有机污染物的监测技术

（1）耗氧有机物的监测

反映水体受到耗氧有机物污染的综合指标很多，如高锰酸盐指数、CODCr、BOD5、总有机碳（TOC），总耗氧量（TOD）等。对于废水处理效果的控制及对地表水水质的评价多用这些指标。这些指标的监测技术有多种例如重铬酸钾法测 COD、五天培养法测 BOD 等已经成熟，但人们还在探讨能够快速、简便的分析技术。例如，快速 COD 测定仪、微生物传感器快速 BOD 测定仪已在应用。

（2）有机污染物类别监测技术

有机污染物监测多是从有机污染源类别监测开始的。一方面，因为设备简单，一般实验室容易做到；另一方面，如果类别监测发现有大的问题，可进一步做某类有机物的鉴别分析。有机污染类别监测项目有挥发性酚、硝基苯类、苯胺类、矿物油类、可吸附卤代烃等。这些项目均有标准分析方法可用。

（二）水质监测技术的自动化

水质信息具有时效性强的特点，特别是水质预警预报要求快速、准确、实时地采集和传递监测信息。常规的水质监测手段不能满足水资源保护的多方位、高水平管理的要求，不能满足快速、准确和实时预报水质的需要。因此，水质监测的自动化势在必行。

水质污染自动监测系统（WPMS）即是在此前提下应运而生的一种在线水质自动检测体系。它是一套以在线自动分析仪器为核心，运用现代传感器技术、自动测量技术、自动控制技术、计算机应用技术以及相关的专用分析软件和通信网络所组成的一个综合性的在线自动监测体系。

目前，环境水质自动监测系统多是监测水常规项目，例如水温、色度、浊度、溶解氧、pH 值、电导率、高锰酸盐指数、总磷、总氮等。我国正在研发一些重要的国家控制水质断面建设水质自动化监测系统，这对于推动我国的水质保护工作有着十分重要的意义。

在现有水质污染自动监测系统中水质污染监测项目尚有限，尤其是单项污染物浓度监测项目还是比较少，例如重金属、有毒有机物项目的自动监测仪器较缺乏。

（三）环境水质监测的质量控制和保证

1. 加强水样采集和保存的质量控制

提升水样采集和保存的质量是保证水质监测工作正常开展的首要环节。所以水质监测部门应强化水样采集和保存的质量管理，提升水样采集和保存的质量，为水质监测工作打下良好的基础。

首先，水质监测人员须深入监测区域的现场，通过实际勘察和相关的计算机数据分析选择合适的水样采集区，以此选择具有代表性的水样，体现出监测地区典型的水质整体情况。

其次，设置恰当的水样采集点，结合该地区的水域情况和相关的信息数据，根据水源区距离的远近和抽样选择的原则，科学合理地布置水样选取点。

最后，水样采集人员要严格按照水样采集的规定，规范利用水样采集容器和样品瓶，并使用合理的采集方法将水样采集成功。另外，水样采集人员还应该详细地记录水样采集区域内的气象数据，为后续水质监测、开展水质的综合评估提供有价值的数据。针对水样的保存，工作人员可以从两个方面入手：水样的保存环境和水样的运输。在水样保存环境的控制中，工作人员应该严格地控制水样保存的温湿度以及周围细菌滋生产生的影响，要将水样及时地保存并送往质检，控制水样保存环境的酸碱程度，保证水样不受环境的影响。在运输水样的过程中，工作人员要恰当地选择运输的保存方法，譬如冷冻、避光、冷藏、利用化学试剂来固定水样样品可以有效地保证水样到实验室分析的过程中不变质，阻止水样出现挥发、水解或者发生氧化还原反应。将水样送至实验室后，工作人员完成水样的登记信息。

2. 强化水质监测的实验质量控制

在水质监测的实验环节，水质监测单位应该从加强对仪器设备的管理和控制实验室环境两个方面入手，将实验环节的质量严格控制到位，提高水质监测实验的科学性和准确性。水质检测部门要恰当地使用内部的资金，购置精密度较高的仪器设备，为实验环节水质监测工作的开展打下基础。同时，水质监测单位要加强对实验人员的管理，严格要求实验人员将水质监测实验仪器的使用步骤执行到位，全面地规范仪器设备的操作。此外，水质监测单位应该成立专门的仪器设备维护小组，进行仪器设备的日常维护和信息记录工作，这样可以大大提升仪器设备的精准度，降低实验中由于仪器设备而出现的实验误差。针对实验环境的控制，实验人员要充分利用实验室内的专业仪器设备，严格地按照实验所需的环境要求，调整实验室内的温度和湿度，控制实验过程中各种试剂的使用量和水样的容量，保证实验环境处于在一个恰当、合理的状态。另外，实验人员在实验过程中要充分考虑到整体的水质实验，科学合理地使用试剂来进行实验，保障实验的科学合理性。

3. 提高水质监测人员的素质能力

监测人员在环境水质监测工作中至关重要，拥有的专业技能和素质高低直接影响着整体水质监测工作。为此，水质监测部门要加大资金的投入力度，专门组织水质监测人员进行专业化和系统性的培训，使他们能够熟练掌握水质监测技术和使用相关监测仪器，让水质监测人员自身的专业技能得到有效提升。同时，加强对水质监测人员的技能考核，严格按照规定，如非持证上岗的监测人员不得进入监测部门工作；定期对监测人员的水质监测专业知识和操作技能进行检验和考核，制定出严格的奖惩制度，此法不仅可以保证监测人员基本的专业技能可以全部掌握通透，而且可以激发监测人员的工作积极性，提高监测工作的严谨度。另外，水质监测是一个操作性较强的工作。水质监测部门可以定期地组织专门的监测操作交流会，开展内部小组的经验交流活动，监测经验丰富的人员可以给新成员分享经验和专业知识，互相学习，带动整体水质监测单位素质水平的提升。

除此之外，现在是信息化、数据化的时代，水质监测工作中数据的分析处理能力是监测人员需要提高的重要部分。水质监测单位应该强化水质数据分析和处理人员的能力，培养计算机软件的操作技术和数据分析的能力，提升对实验数据的敏感程度。如此一来，可以大大地提升监测水质结果的精确度和科学性。

二、大气污染监测及控制

大气污染危害极大，会影响人们的正常生产和生活。如何加强大气污染监测和防治力度，减少空气污染，改善空气质量，实现人与自然的协调发展，成为当前社会发展需要解决的重要课题。大气污染监测在环境治理过程中发挥着不可替代的作用，是开展大气环境污染防治的重要基础。因此，要进一步加深对大气污染监测方法的研究，须结合实际情况，采取合理的监测方法，提升监测数据的准确性和大气污染防治效率。

（一）监测方法

1. 物理监测

物理监测主要利用仪器对大气污染物进行分析。这种监测方式较为灵敏，操作方便，能够很快得到监测结果。这是当前应用最为广泛的监测方式之一。

2. 化学监测

化学监测主要利用化学试验的方式，结合化学试验结果，对大气中的污染物质、污染程度等进行科学分析。这种方式操作较为简单，具有较高的准确度。

3. 固体颗粒物监测

一般情况下，大气固体颗粒物监测和分析主要采用激光散射法、激光透射法、电荷法以及 β 射线法等。固体颗粒物对光源具有散射作用，因此激光散射法具有较高的准确性。但是在具体应用中，仪器设备要求较高，成本消耗大，其适用范围较小。激光透射法以朗伯–比尔定律为基础，具有良好的适用性，但是在具体应用中设备安装复杂，人工消耗多，成本消耗大。电荷法主要利用固体颗粒物和监测探头的摩擦生电现象实施监测，缺点是适用范围较小。β 射线法主要利用滤纸对样本空气进行过滤，然后对其物体浓度进行监测和分析，其缺点是采样点较为单一，监测结果缺乏代表性。

4. 生物监测

生物监测主要通过分析生物在大气环境中的分布、生产发育情况和生理生化指标以及生态系统变化情况等判断大气污染状况。一般利用对环境较为敏感的植物（如地衣、苔藓等）的生长状态及其变化，如叶片的受害症状、强度、颜色变化等，对空气污染程度与污染物种类进行分析和判断。

5. 气态污染物监测

（1）稀释采样法。

这种方式把干燥的空气稀释，使其成为干烟气，方便进行直接测量。人们可以利用化学法直接测量大气中的氮氧化物，利用紫外荧光法对二氧化硫等气体进行直接测量。稀释采样法可以避免水分干扰，提升测量精准度，具有较高的实用性。然而，测定过程对测量仪器质量和数量的要求较高，成本也较高。

（2）直接测量法。

直接测量法把监测元件直接放在监测现场，整体监测过程操作简便，但是由于需要把仪器设备放到监测现场，因此会受到环境因素的影响，导致监测结果不准确。

（3）完全抽取法。

首先利用气体连续监测模式，对样本气体进行抽取、预热，之后利用分析测试仪实施监测。一般需要利用紫外线、红外线、热导法等对大气中的二氧化硫、氮氧化物等实施监测。这种方式操作复杂，成本高，适用性小。

（二）监测内容

1. 氮氧化物

大气中的氮氧化物主要来源于汽车尾气和工业废气。如果大气中的氮氧化物和别的物质产生反应，非常容易对人体机能造成危害。因此，要强化对大气中氮氧化物的科学监测。一般情况下，氮氧化物监测主要利用仪器法和化学法。仪器法主要包括光化法和库伦电池法。化学法主要是高锰酸钾氧化法和 Saltzman 法，前者主要用于监测大气中的氮氧化物总量，后者用于监测二氧化氮的含量。

2. 固体颗粒物

大气中的固体颗粒物性质较为复杂，存在极大的危害性。固体颗粒物附着大量的有害物质，一旦吸入体内就会对人体机能造成不可估量的危害。此外，如果固体颗粒物和其他有害物质发生化学反应，生成其他有害物质，也会威胁人体健康。因此，要强化对空气中固体颗粒物的监测和分析，制定有效的防治措施。一般情况下，固体颗粒物的监测内容有颗粒组成、降尘量、可吸收颗粒浓度和细颗粒物浓度等。其常用的监测方式是重量法：把样本空气放入切割器内，对那些大于参考直径的颗粒进行分离，然后把小于参考直径的颗粒吸附到恒重滤膜上，对其浓度和质量进行测定。

3. 二氧化硫

二氧化硫危害极大，不仅影响人体健康，还会对农业生产带来极大的消极影响。因此，强化对大气中二氧化硫的监测非常重要。通常，二氧化硫的监测方式包括电导法、火焰光度法和紫外荧光法等，其中应用最为广泛的是甲醛缓冲溶液吸收—盐酸恩波副品红分光光度法。其具体的应用方法是：大气中的二氧化硫物质被甲醛缓冲溶液全面吸收，充分发生化学反应后，生成羟甲基磺酸加成化合物，再加入一定浓度的氢氧化钠，实现加成化合物的分解，最终形成紫红色化合物，这时可以利用分光光度计在 578nm 处测定。

（三）具体的监测步骤

1. 明确监测时间段

不同时间段，大气污染物的浓度和种类有所不同。此外，污染源的排放位置、地形条件等都会对其浓度产生一定的影响。因此，在具体监测过程中要对时空的影响因素进行全面分析。一般情况下，每天的早晨和傍晚一次污染物的浓度较高，而中午最低。二次污染物的浓度正好相反，中午的浓度最高。因此，为了确保大气污染监测结果的准确性，要对污染物在不同时段的浓度和平均值进行全面监测。

表 3-2 主要大气污染物监测方法

监测方法	原理或特点	应用范围或者优势
物理监测	利用仪器检测分析	操作简单、精确性高、应用广泛
化学监测	利用化学试验方式	操作简单、精确性高
固体颗粒物监测	激光散射法、激光透射法、电荷法以及β射线法等	针对固体颗粒物进行监测
生物监测	通过生物生长状态变化进行分析	应用范围广
气态污染物监测	稀释采样法、直接测量法、完全抽取法	针对气态污染物进行监测

2. 明确监测标准

为了合理分析监测结果，人们需要明确国家规定的空气质量标准数据。例如 NO_2 的二级标准年平均浓度限值为 0.08mg/m³，其日平均浓度限值为 0.12mg/m³，小时平均浓度限值为 0.24mg/m³。此外，要明确空气污染物二氧化硫、臭氧、Pm2.5 等的监测标准。

3. 合理布设监测点

在具体的采样过程中，人们需要结合不同区域污染物的浓度（高、中、低），合理布设监测点。一般情况下，下风向设置的监测点比较多，上风向只需要设置少量的监测点。人口比较密集的区域可以设置较多的监测点。监测点的周边环境需要保持开阔，不能被高大的树木或者建筑物遮挡，以免影响监测结果。放置在不同区域的监测设备要设置相同参数，以便提升监测结果的参考价值。针对监测区域大气污染物的性质，人们要明确监测站点的具体高度。

4. 科学采样

科学采样是提升大气污染监测效果的重要保障。一般情况下主要采用直接采样、富集浓缩采样、气态与蒸汽态采样等方式。

（1）直接采样法。

如果采样区域受污染程度比较深，就适合应用直接采样法进行采样。需要注意的是，采样时人们需要使用精准的分析方法，以便获得准确的分析结果。采样过程主要用到注射器、塑料袋、采气管和真空瓶等工具。

（2）富集浓缩采样法。

富集浓缩采样法适用范围比较广泛，多数的空气采样项目都可以应用。其具体方式包括溶液吸收、静电沉降、自然聚集、低温冷凝和综合采样等方式。

（3）气态与蒸汽态采样。

气态与蒸汽态采样主要用于 SO_2、NO_2 等的检测和分析。

5. 测定方法

在大气污染监测中，不同污染物需要采用不同的分析方法进行测定。其中 SO_2 测定需要采用甲醛吸收—恩波副品红分光光度法，NO_2 测定需要采用盐酸萘乙二胺分光光度法，

CO_2 测定一般采用非分散红外法，O_3 一般采用靛蓝二磺酸钠分光光度法，大气中的 Pm2.5 等颗粒物一般使用重量法进行分析。

（四）环境污染源废气监测及其控制

1. 做好相关监测准备工作

在环境污染源废气监测过程中，为确保监测数据的真实有效性，需要做好准备工作。监测人员要做好现场勘查工作，了解现场具体情况，明确污染源特性。为确保监测的安全性，监测人员要明确污染源排放位置与排放口，做好分析工作。同时需要做好技术准备，调试与校准废气监测仪器设备，保证设备处于正常状态。除此之外，要制定完善的监测方案，研发监测工作平台，做好安全防护。

2. 保障监测仪器正常使用

监测仪器使用时需要检查仪器的连接状态、显示器以及采样泵是否正常。在对仪器进行操作时要注意以下几点：第一，加强对日期、时间和气压等重要参数的设置；第二，在设置采样点时，应注意标圆形烟道的分环数、直径以及测孔和烟道内壁的距离；第三，对工况进行测量，实现自动调零，在这个过程中皮托管接嘴处于悬空状态，这样数值便会稳定地处于归零状态。

3. 合理设置采样点

采样点的科学设置直接影响着监测结果的真实有效性。基于此，在监测污染源中的废气时，要做好采样点的设置。在设置采样点时，要按照相关技术要求，利用技术指标测算排放点，同时需要结合监测需求，科学设置采样位置。除此之外，要结合监测的实际情况，合理调整采样点，以确保废气监测点的有效性。需要注意的是，在进行颗粒物与烟尘采样时，多采取多点等速采样法。若为圆形烟道，可采用等面积圆环多点等速采样法。若为矩形管道，则采用等面积小块的中心点。若为不规则管道，则可以按照实际形状，分段设置采样点。对于直径＜ 0.3m、流速分布较为均匀的小烟道，可以选择烟道中心作为监测点。

4. 严格样品采集控制

环境污染源废气监测的样品采集是其重要环节，为确保监测数据的真实有效性，要严格加强样品采集的管控。当布置完采样点后，开始样品采集。在进行样品采集时，要控制抽取的截面，确保监测流量的代表性与可靠性。较为常用的采样方法包括连续采样法、间隔采样法。若污染源一次性排放时间＞ 1h，可采用间隔采样法。若排放时间＜ 1h，则可采用连续采样法。在进行颗粒物与烟尘采样时，采样嘴要正对着气流方向，将偏角控制在 5° 以下，采样时的跟踪率要控制在 1.0 ± 0.1 范围内。需要注意的是，在采样前与结束时，要确保采样嘴背对气流，避免正吹或者倒抽，造成采集数据不真实。

5. 科学处理监测数据

监测数据处理要按照国家相关规定，遵循技术标准，进行取值计算。为确保监测数据处理的有效性，要做好单独计算排放浓度。在计算固体污染源废气监测数据时，为减少设备运行工况与人为因素等的影响，要合理折算废气浓度，真实有效地反映废气排放情况，为环境污染治理工作提供准确的参考数据和依据。

6. 完善在线监测系统

在线监测系统的完善不仅是企业自身发展的需要，也是时代发展所提出的要求，因此，需要提高对环境污染源的废气在线监测的重视度。在具体工作中，一方面可以利用在线监测系统 24h 全天监测；另一方面，提高监测数据的准确度。为了更好地发挥信息技术的作用，在开展在线监测工作的过程中可以积极引入国际先进理念，譬如充分利用地理信息系统 GIS 建立一套集数据监测、数据查询、数据分析于一体的在线监测体系，以提高固定源废气监测的效率。

7. 合理配备个人防护用品以及加强安全教育

污染源废气监测需要根据污染物的种类、性质和现场情况等选择、配备必要的个人防护用品，如安全带、安全帽、工作服、手套、防声棉、防尘口罩、防护眼镜、烫伤药、创可贴等，高处作业时尽量要衣着灵活轻便，穿软底防滑鞋。此外，污染源废气监测还需要对监测人员进行安全教育，在安排工作时尽量避免安排一个人单独现场监测，以确保大家互相照应，减少危险发生；要求监测人员在工作中牢固树立安全第一的思想，同事之间做到相互提醒、相互保护和相互照应，尽最大可能避免危险事故的发生。应要求被监测单位为废气监测提供一个安全的用电条件，或者是安排电工安装监测用电。在测试过程中，监测人员必须选择安全的绝缘工具。冬季的监测现场可能是室外，伴随着雨雪、冰雹以及大风等天气，必须要注意防风和防滑；夏季时节要注意高温、高湿状态下做好防暑，工作人员要及时补充水分，凉白开水或者是淡盐开水最为适宜。

8. 不断加大对环境污染源的废气监管力度

监管部门需要加大对企业生产工况的监管力度，保证企业的生产工况达到相应的标准，保证环境污染源的废气监测可靠性。在设备正常运行的情况下，才能够在监测的时候获得准确的采样。对工况进行监管的时候，监管人员需要根据设备运行参数情况来计算设备的负荷。另外，对于参数较少的设备，监测人员可以根据设备运行原理评估废气的排放浓度。监管人员在实践操作的时候还需要熟练掌握生产工艺，保证生产工况符合相关标准。

三、固体废物监测及控制

一方面，固体废物的处理难度较高，且处理成本难以控制，因此对于大部分地区来讲，基本上都不具备大型固体废物的处理能力。同时，随着生产与技术的不断优化，固体废物的范围也在不断扩大，这也进一步加大了固体废物的处理难度。另一方面，在国际环境压力的影响下，我国也不得不将固体废物的处理纳入今后的工作生产中，这也使我国的生产压力不断增加。而针对这种情况，就需要新的环境监测技术来对固体废物进行处理，从而实现绿色生产的终极目标。

（一）固体废物的监测难点

1. 固体废物覆盖范围较广

固体废物的监测本身需要一定的设备作为支持，而在当代社会中，固体废物产出范围已经远远超过监测设备的覆盖范围。所以，相关部门并不能够利用现有的资源来对固体废物进行完全监测。同时，已有的固体废物也会对监测系统造成影响，并降低监测系统的数据精度。同时，部分监测设备属于一次性消耗品，所以在固体废物整体较多的背景中，进行全方位的监测其成本基本上很难控制。

2. 固体废物的种类较多

在固体废物监测中，监测人员需要根据固体废物的种类进行监测行为调整，以方便对数据进行收集。比如，在冶金固体废物的处理中，就需要监测人员对污染物爆发点进行寻找，从而保证监测数据的准确。而在其他领域的固体废物监测中，就需要更换全新的监测模式来适应该领域固体废物的产生特点。

3. 自然环境对相关数据的影响极大

一般情况下，空气暴露范围较大的固体废物监测系统会受自然环境的影响。以冶金为例，普通状态下的固体废物监测系统与降雨状态下的固体废物监测系统数据相差有 8~9 倍，这将大大影响检测人员对固体废物的浓度判断。同时，天气因素还会增加固体废物的扩散范围，这也会增加检测人员的分析难度。

4. 相关的技术支持明显不足

首先，固体废弃物的体积大小相差极大，所以在小型固体废物的监测上，就需要较高精度的仪器支持。同时，小体积的固体废物的扩散性较大，所以还需要对范围内的物体浓度进行计算，这就需要相关检测仪器有对应的功能支持。同时，部分固体废物的分析时间较长，短时间内也很难实现相关数据的分析处理。如果固体废物本身就有较强的扩散性，还需要动态的监测设备进行物质追踪。不过对于现代科学技术来讲，基本上很少有国家能够实现上述目标。

（二）环境固体废物监测技术

1. 卫星位置定位

近几年，我国卫星定位精度不断提升，也开始逐渐应用至固体废物的监测当中。比如，在 2019 年的环境保护行动中，环境监测人员通过利用无人机、卫星等设备实现了固体废物的动态监测。而在此次行动中，监测人员也充分利用了卫星定位的精准、高频、高覆盖面积的特点，从而实现了对固体废物的精确打击。

除了单一的卫星定位以外，卫星辅助监测模式也可以帮助监测人员构建全方位的立体监测系统。比如，能够及时发现固体废物的非法处理行为，从而为及时阻止非法行为做好技术支持。比如，在秸秆焚烧中，人工看管需要耗费大量的成本，而卫星就可以对焚烧位置进行精确定位，并最大限度地降低人力资源的消耗。同时，卫星定位还可以实现自动化的定位、导航、拍照、传输功能，实现360度的无死角监测。不过，卫星定位的精度相对较差，只能满足于大型固体废物的动态监测，而对于小型的固体废物，则只能起到辅助设备的引导、数据收集以及定位功能。而智能化以及全自动的监测行为也必须依靠已有的数据库进行支撑，所以要尽可能地提升数据库的信息容量。当然，卫星本身并不具备数据监测功能，所以其基础功能实现还需要使用传感器。

因此，对卫星技术来讲还是需要有更多的技术支持，以便于使其能够应用至更多的监测行为中。

2. 遥感技术

遥感技术主要是通过远距离非接触的方式，利用目标物质的具体性质来对物体的本质进行监测。在分类上，现在遥感技术又分为红外遥感技术以及反射红外遥感技术。可以预见的是，在未来的固体废物监测中这将成为监测的主要方式。实际上在现阶段的环境监测中，遥感技术就发挥出了巨大作用。比如，在大气污染中，遥感技术能够利用其大范围的监测面积来对扩散性较强的固体废物进行集中监测。在监测中，遥感技术还能够利用其自身性质来对固体废物的扩散范围、扩散条件以及扩散后状态进行数据分析，从而为后期的固体废物处理做好准备。而在土壤固体废物的处理中，遥感数据可以对土壤类型以及固定时间内的地质变化情况进行分析，推算出该范围内的土壤变化情况。而对于在土壤中的固体垃圾也能够通过此项技术来进行分析。

此外，遥感技术还可以直接与GPS定位系统进行联合工作，实现自动定向式的区域分析。不过该项技术的稳定性还相对较差，所以还需要一定的研发时间进行技术优化。

3. 便携式气质联用仪

在21世纪初，便携式气质联用仪主要应用于急性的环境污染事件中，其主要功能是对挥发性有机物进行收集。因为部分固体废物本身就具有强烈的挥发性，所以也会用到便携式气质联用仪进行数据监测。与传统监测模式相比，便携式气质联用仪能够直接用于现场，其精度处理也能够达到相关要求。另外，便携式气质联用仪的使用场景非常广泛，其灵活的探头以及空气净化系统能够满足大部分区域固体废物的影响分析。而其本身所携带的Survey模式也能够快速进行质谱扫描，迅速确定固体废物的挥发程度以及存在的危害风险。最重要的是，便携式气质联用仪的便携性相对较强，能够进行快速的位置切换。而在2020年初，部分发达国家对便携式气质联用仪的体积进行了优化，这使得其探头部分能够直接应用于重型无人机中，实现与GPS卫星定位系统的联合作业。

当然，由于便携式气质联用仪的成本相对较低，所以也能够布置于大部分的工业生产场所，对其污染区域进行数据监测。

4. 数据分析技术

从主观意向上来看，大部分的固体污染物监测都会运用数据分析技术。但实际上，上述的数据分析主要是对固体污染物的数据进行分析处理，从而得到相关的结果数据。而数据分析技术则是以数据分析为主体，通过分析能力来实现污染物的定点监控。在该技术的应用中，GPS 技术的定位精度也能够得到大大提升，而遥感技术本身的数据优势也能够应用于其他的监测技术中，从而发挥更大作用。

可以说，数据分析技术是固体废物监测技术的大脑，并能够控制其他子项技术来辅助进行工作。

5. 地理信息系统

地理信息系统主要针对的是该区域的土壤、地面以及地面上空固定范围内的信息收集，在该系统的应用下，监测人员能够快速对固体污染物的扩散范围、扩散距离进行估计，从而实现一定范围内的定向追踪。在与数据分析系统结合后，能够分析该区域的环境异常部分，并实现定点的固体污染物追踪。同时，地面信息系统也可以利用其自身优势实现固体污染物的提前干预。比如，利用地面信息系统可以提前计算出固体污染物的传播污染途径，以及在环境脆弱区域的聚集情况。

另外，地理信息系统也可以与 GPS 系统、数据分析系统、遥感技术形成立体的监测圈，进一步扩大圈内各系统的监测效果。

（三）固体废物环境监测的控制

1. 加大对采样技术的研究力度

在监测工程中要加大对采样技术的研究力度，根据每次不同的现场采样情况，研究采样方式，积累采样经验，运用有效的措施应对每一次的应急采样，准确辨别与分析样品属性，避免样品出现交叉感染、代表性不强等问题，监测部门应不断建立与更新采样技术规范，促使监测人员掌握先进的采样技术。

2. 增强监督力度

固体废物鉴别是危险废物鉴别的方法之一，通过加强固体废物监测的监督工作力度，提高固体废物监测的能力，为危险废物鉴别提供依据。环保监督部门在已有监管制度的基础上，补充和完善环境监测监管制度，对相关企业单位实施全方位监督，大力排查各工业企业，有计划地开展固体废物污染环境监测，尤其对于小微企业落实污染者依法负责的原则，以防偷排偷倒危险废物，努力做到早发现、早预防、早治理；加强环境监测站和第三方检测机构的能力验证工作，定期开展相应的能力验证，使具有固体废物检验检测能力的机构持有高效的检验检测水平；对其能力进行考核、监督和确认，有效地提高检验检测机构出具数据的准确性和可靠性。

3. 加大对突发应急事故的监测和治理

在现代化建设进程中，环境监测技术有着必不可少的作用，在环境保护过程中要加大对突发应急事故的监测和治理，做好应急准备工作，有效处理应急事故，因此，在应急过程中监测工作要从实际出发，使用先进的监测技术有效处理污染物，确保事故现场的环境质量。另外，针对环境问题监测部门应该强化应急手段，根据每次不同的应急状态，分析事故原因总结经验，制定规范有效的环境突发事故的后续处置方案，从根本上遏制突发事故的发生。

4. 实现环境监测技术配套硬件设备的更新换代

配套的硬件措施在环境监测技术应用中至关重要，尤其是在我国检测设备较为落后、先进设备较少的状况下，要不断地在监测过程当中实现设备的更新换代，要坚定不移地跟随时代的发展需求，选择最合适最先进的监测设备，以此来确保监测技术的有效利用。比如：选择离子体质谱仪、气相色谱质谱仪、液相色谱仪、红外测定仪、离子色谱仪、自动滴定仪等大型检测设备。同时，要加强管理，即定期对设备进行维护和管理，确保设备的合理配置，避免出现多而不精的现象。必须注意，对采购的仪器设备必须精挑细选，多方位研究，包括维护的成本、实际的操作性和性价比，从而最大化提升环境监测设备的使用效率，提升监测的质量。

第三节　环境监测对环境问题的改善

一、环境监测在追查环境案件中的作用

当公安机关和司法部门在严厉打击严重环境违法犯罪行为时，监测机构就有必要在这时为他们提供数据证据，保证案件顺利完结。国家近年来重新修订了“两高”司法解释，在一定程度上完善了有关环境犯罪的惩罚法律依据，反过来也对环境监测提出了更加严格的要求。从一定程度上来说，监测机构提供的所有数据说明是法院判刑的主要依据，基于此，所有的环境监测部门都必须严格按照相关规定，同时配合有关部门做出最准确、最客观的数据资料。

（一）环境监测数据与环境执法

环境监测数据是通过使用物理方法、化学方法、生物方法检测一定范围内环境中的各种物质的含量所得出来的数据。使用物理方法对光、声音、温度等进行检测；使用化学方法检测空气、水域中的有害物质；使用生物方法检测周围生物群落的变化、病原体的种类和数量等。利用这些方法得到的环境监测数据十分科学，由此为我国环境执法机构提供了

有力的依据。

随着科技的进步，我国环境监测的方法也越来越智能化，环境监测体系也逐渐完善。环境监测的数据是由自然因素、人为因素、污染成分三方面构成的。环境监测数据能够为环境管理、污染源控制、环境规划提供科学的依据。环境研究者可以根据环境监测数据得出污染源的分布情况，考察研究产生污染的原因并制定减少污染的可行方案。以改善人们的生存环境保证人们的健康为目标，提高我国的环境质量。环境监测数据具有瞬时性、科学性、综合性、连续性、追踪性等特点，为人类与自然和谐相处、保护环境方面做出了巨大的贡献。

环境执法又称为“环境行政执法”，环境执法是指我国有关环境保护部门依据环境保护法监督我国公民或企业的环境行政行为。环境执法为我国环境保护做出了贡献，很大程度上避免了污染环境行为的发生。人们的生活环境直接关系着人们的身体健康，我国的工业发展迅速，环境问题却不容乐观。随着环境污染越来越严重，我国的环境保护法也逐渐完善。近几年，我国提出“绿水青山就是金山银山”的口号，加强了对企业和个人的监督，对违法的企业或个体将追究法律责任，严肃处理。

目前，我国环境有了较大的改善，但是在环境执法方面依然存在着以下问题：

存在着地区执法力度不均匀的现象。我国城市之间发展不平衡，有些城市（北京、上海等）经济发达，环境执法效果好，很多一线城市实行环境保护措施后污染物减少，空气质量、水质量有了很大的提高。而一些不发达的小城市和乡村地区仍然存在着污染环境的现象，因为乡村地区的人民普遍缺少环境保护的意识，对环境保护法不够了解。

很多企业过分追求利益，在生产过程中所用的设备、原材料不符合国家标准，没有及时处理生产过程中产生的有害物质，直接把有害物质排放到空气或水域中，对附近环境造成巨大污染。我国执法部门没有做到全方位的检查，我国国土面积大，存在许多没有监督到的地区，导致不法企业在这些地区违法生产。即使我国对不法企业进行惩罚，其对环境造成的污染也需要投入大量人力物力去治理。

公民自身对环保的意识不够高，没有规范自身行为。在我国，乱扔垃圾、燃放烟花爆竹、开排放量较大的私家车的公民数量依然很多，公民如果在公共场所做出破坏环境的行为，事后相关部门也很难找出具体的人，违法的个人往往因此逃避法律责任。针对上述在环境执法中产生的问题，可以采取以下措施：

1. 扩大监督范围，加大惩罚力度

我国应将环境监督的范围由一线城市扩展到二线城市，再由二线城市扩展到三线城市，由三线城市扩展到乡镇农村，争取不错过任何一个角落，每隔一定的距离安装环境检测装置，定期将环境监测数据反馈给相关部门。将监督的任务下发到各个部门，对违法破坏环境的行为要依法处理。我国有关环境保护的法律法规要具体到细节上，避免出现不法分子钻法律空子的情况，做到有法可依。对不法分子严肃惩治处理后，可以通过网络新闻、电视报道等方式宣传给公民，让公民充分了解到破坏环境要付出的代价。

2. 提高公民环保意识，形成良好的社会氛围

目前，我国许多乡镇居民的环保意识有所欠缺，针对这种情况，我国应该加大绿色环保的宣传力度，定期在乡镇地区开设环境保护大讲堂，开展环境保护有奖问答的活动，在电视、新媒体平台上定期播出环境保护和相关法律宣传视频，营造一个提倡绿色低碳的社会氛围。如果公民的环保意识提高了，我国在环境保护方面就会越做越好，成为一个环境友好型的大国。

3. 赋予环境保护部门强制执法的权力

赋予环境保护部门强制执法的权力有利于对企业进行监督和管理，可以避免环境保护部门管理违法企业时浪费不必要的时间。如果在环境保护部门的管理范围内存在危害环境的企业，环境保护部门可依法强制该企业停工、并对该企业进行相应处罚，如扣押、没收、罚款等。

（二）环境监测数据在环境执法中的应用方法

1. 环境监测数据为环境执法提供了科学依据

环境监测数据是依靠各种先进的检测设备在一个时间段内多次检测出来的环境信息，因此在排除检测设备故障的情况下，环境监测数据是十分科学可靠的。相关部门在使用各种手段和检测设备监测环境数据时，要保证监测不违背法律法规。环境监测设备每次监测后都要将数据发送给数据收集人员。在进行土壤或水域检测时，可以采取抽样检测的方法，检测人员抽取部分的土壤或水质，在每份样本上都标记有地点、时间等信息，保证样本数据的真实性。环境监测具有时间性和规律性，每隔一段时间就要对周围环境进行监测，不断更新监测数据，保证数据的实效性，避免因为环境监测数据过于久远而影响环境执法。环境监测数据包括多方面的信息，例如土壤质量、空气中有害物、水的质量等，一个地区的环境监测数据不是单方面的，而是要综合各种环境因素，要将各种环境监测数据分别记录在表格中。环境执法也要多方面进行考虑，依据环境监测数据找到污染源，解决污染环境的源头问题。

2. 环境监测数据是环境执法的证据

环境监测是环境的监督和测量的简称。环境监测的第一步是制定相应的计划，然后在一定的区域范围内现场调查和收集资料，对要监测的地区进行少量多次的样本采集，保证样品能够代表该地区的环境，采集样本后使用化学仪器分析样本中各种成分的含量，最终得出来的数据就是环境监测数据。环境监测数据的检测过程中使用到了许多代表着现代科技的智能化检测仪器，这些检测仪器具有高效性、准确性的特点。环境监测数据代表着一定范围内的环境情况，能够为环境执法提供有力的证据。如果该区域内存在污染环境的违法企业，环境执法部门可以依据这些环境监测数据追究违法企业的法律责任，依法对违法

企业进行处罚。由此可见环境监测数据提高了环境执法的效率，方便了环境执法人员的工作。

二、电磁辐射污染的环境监测

辐射管理也是我国环境问题中一个比较重要的事情，若想对其进行安全高效的管理，最为重要的一个环节就是实时监测。我国在一些地区已经建立了相关的监测机构，以保证核电地区的核安全。

（一）电磁辐射概述

1. 电磁辐射背景及研究现状

自电磁感应现象被发现以来，电磁技术已广泛应用于节能、通信、制造、医药、科研、农业、军事等多个领域，而且应用范围不断扩大。作为一种新技术、新资源，电磁技术极大地推动了人类社会诸多领域的革新与发展。但随之而来的问题是电磁辐射污染，其影响和危害日渐受到人们的关注和重视。

2. 电磁辐射污染的主要危害

随着电磁技术的广泛应用，环境中的电磁辐射越来越强，高强度的电磁辐射已经达到直接威胁健康的程度，由此引发的矛盾和纠纷也时有发生。电磁辐射污染产生的危害主要表现在三个方面：一是人体健康。电磁辐射可对神经系统、内分泌系统、免疫系统、造血系统产生影响。二是电磁干扰。电磁辐射会对电子设备、仪器仪表产生干扰，导致设备性能降低，严重时还会引发事故。三是燃爆隐患。电磁辐射能造成易燃易爆物品的燃烧、爆炸。

3. 电磁辐射环境状况

目前，人们所处的电磁环境状况主要表现在四个方面：一是通信基站所使用的大功率电磁波发射系统对周围电磁环境的影响；二是广播电视发射系统对周围区域的电磁环境影响；三是高压电力系统的布设造成的电磁污染；四是日常电子设备的接触、利用带来的电磁环境污染。

（二）一般电磁辐射环境的监测

一般电磁辐射环境是指在较大范围内，由各种电磁辐射源通过各种传播途径造成的电磁辐射背景值。一般电磁辐射环境的监测可以参照《辐射环境保护管理导则电磁辐射监测仪器和方法》（HJ/T10.2-1996），将某一区域按一定的标准划分为网格，监测点取网格的中心位置，再考虑建筑物、树木等屏蔽影响，对部分网格监测点做适当调整。具体的监测工作按照《辐射环境保护管理导则电磁辐射监测仪器和方法》（HJ/T10.21996）进行。由于环境中辐射体频率主要在超短波频段，采用电场强度为评价指标，依据《电磁辐射防护规定》(GB8702-88)选取评价标准。一般环境的电磁辐射污染状况反映了一个区域在某个时间段电磁辐射环境的背景水平，可以从电磁辐射环境质量、电磁辐射分布规律、污染区域的电磁辐射环境特点三个方面着手进行分析研究，以此评估一个区域一般电磁辐射环境状况。

(三)特定电磁辐射环境的监测

特定电磁辐射环境，是指在特定范围内由相对固定的电磁辐射源造成的电磁辐射背景值。电磁辐射源是引起电磁辐射污染的源头，分析、研究特定电磁辐射环境，对电磁辐射源进行调查统计是环境监测工作的前提。采取污染源普查的方式，对国家规定的规模以上的电磁辐射源进行基础性的全面调查，初步掌握电磁辐射源的种类、数量、规模等基本信息，为环境监测工作提供有效依据。

1. 移动通信基站电磁辐射环境监测

(1)移动通信基站工作原理。

移动通信是利用射频发射设备和控制器通过收发台与网内移动用户进行无线通信的。无线通信是由基站接收及发射一定频率范围内的电磁波实现的。基站主要通过发射天线改变周围电磁辐射环境。

(2)移动通信基站电磁辐射环境的监测。

移动通信基站电磁辐射监测工作主要包括监测仪器、监测点位、监测时间、监测技术要点等内容，按照《辐射环境保护管理导则电磁辐射监测仪器和方法》(HJ/T10.21996)以及《辐射环境保护管理导则电磁辐射环境影响评价方法与标准》(HJ/T10.31996)的规范要求为质量标准。主要对基站机房、地面塔、楼上塔、增高架等处进行监测，依据国家《电磁辐射防护规定》的标准，所监测的电磁强度值应满足＜5.4V/m的要求。

2. 广播电视系统电磁辐射环境监测

(1)广播电视系统工作原理。

广播电视发送设备主要组成部分是发射机和发射天线，基本原理是用即将传送的信号经调制器去控制由高频振荡器产生的高频电流，然后将已调制的高频电流放大到一定电频并送到天线上，以电磁波的形式辐射出去。

(2)广播电视系统电磁辐射环境监测。

广播电视发射设备的电磁辐射监测条件及监测方法参照《辐射环境保护管理导则电磁辐射环境影响评价方法与标准》(HJ/T10.3-1996)和《辐射环境保护管理导则电磁辐射监测仪器和方法》(HJ/T10.2-1996)，对周围地面点、塔上工作环境、周围敏感点三个方面布点进行电磁辐射环境监测。依据国家标准《电磁辐射防护规定》所监测的电磁强度值应满足＜5.4V/m的要求。

3. 高压电力系统电磁环境监测

（1）高压电力系统工作原理。

高压电力系统主要通过高压输变电工程影响环境，主要包括高压架空送电线路和高压变电站，具有电场、磁场和电晕三种电磁场特性。高压电力系统的电磁污染主要表现在由电晕放电和绝缘子放电引起的无线电干扰和热效应、非热效应两种生物学效应。

（2）高压电力系统电磁环境监测。

高压电力系统的电磁辐射监测工作参照《辐射环境保护管理导则电磁辐射监测仪器和方法》（HJ/T10.2-1996）。同时，根据不同的电压等级选取不同的送变电工程电磁辐射环境影响评价技术规范为标准。高压电力系统电磁环境监测指标分别为综合工频电场强度和磁场强度，所监测的值应满足技术规范的要求。

三、环境监测中挥发性有机物监测方法的运用

环境监测也对有效治理挥发性质有机物方面有着重要的作用。这类有机物可以说是构成 Pm2.5 的重要成分，根据之前环保部门颁发的有关规定，各地都在加大对此类情况的打击力度，以此来促使相关企业可以减少使用量等。

（一）挥发性有机物的定义

挥发性有机化合物（Volatile Organic Compounds，以下简称 VOCs）在全球范围内都没有一致的定义，目前，在各个种类的检测方式中人们对于目标化合物的检测也越来越重视。接下来将目前全球范围内针对挥发性有机物的定义方式进行分析。

例如，首先，在世界卫生组织（WHO）的定义中认为，当某类有机物化合物大于标准大气压的时候，并且在室温以下以气态的状态保留于空气中，并且其沸点的范围在 50℃到 260℃之间的化合物的总称视为挥发性有机物。其次，是根据美国环境保护署（EPA）、美国 ASTMD3960 — 98 等标准对挥发性有机物的定义是某种有机化合物能与大气光化合产生作用即称为挥发性有机物。最后，我们国家对于挥发性有机物的定义是没有具体的准则，在我国环保部门公布的《“十三五”挥发性有机物污染防治工作方案》里对于挥发性有机物的定义沿用了美国 EPA 的具体定义，挥发性有机物是根据能否与大气光化学产生反应的有机化合物，其中主要是成分中含有硫的有机化合物，例如烷烃、烯烃、炔烃、芳香烃、含氧有机物、挥发性卤代烃、甲硫醇、甲硫醚等，这些化合物都是形成臭氧（O_3）和细颗粒物（Pm2.5）污染的重要前体物。

（二）挥发性有机物的来源及危害

目前，我国经济持续稳定且健康地发展着，城市化的进程也随之不断发展深化，我国的工业发展在国家发展的进程中也在积极发展着，随之而来的就是在我国各方面发展的同时，也给环境带来了不同程度的影响与破坏，尤其是在环境空气中的挥发性有机物的污染

情况也在持续加重，越来越得到社会各界的重视。挥发性有机物（VOCs）的主要来源是工业领域和生活来源，挥发性有机物（VOCs）的成分比较多，其中有非甲烷烃类的成分，比如烷烃、烯烃、炔烃、芳香烃等，还有含氧有机物的成分，比如醛、酮、醇、醚等，以及含氯、含氮、含硫有机物等。

在《挥发性有机物（VOCs）污染防治技术政策》（公告 2013 年第 31 号）中有关于挥发性有机物的定义。在工业领域的来源主要是石油化工生产行业，比如在石油炼制与石油化工、煤炭加工与转化等过程中还有非甲烷总烃这种原料的污染。此外，就是在油类（燃油、溶剂等）的储藏与运输及销售的过程中，还有涂料、油墨、胶粘剂、农药等污染，以非甲烷总烃作为生产原料的行业，如涂装、印刷、黏合、工业清洗等含有非甲烷总烃产品的使用过程中的污染生活来源主要是在建筑行业发展过程中，建筑内部有的装饰与装修的污染，餐饮行业的污染以及在服装干洗行业的污染。

挥发性有机物（VOCs）是存在危害的，主要从以下三个方面分析：

在挥发性有机物中，由于一些成分是有毒有害的，当周围环境中的挥发性有机物的浓度超过一定数值时，在短期时间里可能会出现头疼、恶心、呕吐、乏力等身体不适的状况，严重的时候可能还会造成抽搐、昏迷，对人体的肝肾和大脑功能，以及大脑神经系统造成影响，同时也有可能会造成记忆力降低的严重后果。

在挥发性有机物中某些物种拥有特别强的光化学反应活性，这些物种是造成臭氧的重要前体物。

挥发性有机物也是参与光化学反应的产物，是细颗粒物中的重要成分之一，是出现灰霾天气的重要前体物。

（三）环境工程中的 VOCs 监测方法分析

1. 传统监测

气相色谱法（GC）、液相色谱分析法、反射干涉光谱法、离线超临界流体萃取（GC-MS）法和脉冲放电检测器法等是关于挥发性有机物的监测中传统的监测方法。在目前 VOCs 监测工作中最常用到的方法就是气相色谱法（GC）和离线超临界流体萃取（GC-MS）法。其中，气相色谱法优点在于有非常高的选择性以及灵敏性，并且其分析的速度比较快，在实际的监测中应用的范围相对来说比较广。而离线超临界流体萃取（GC-MS）法在有着较强的分离作用之外，既可以进行有指向性的鉴定，还能针对未分离的色谱峰进行检测，在监测后的分析工作中，无论是监测的灵敏性，还是关于监测结果的数据分析能力，都有着较高的准确性。基于此，在目前的环境工程中关于挥发性有机物的监测方式主要为离线超临界流体萃取（GC-MS）法。

2. 在线监测

虽然目前在环境工程中挥发性有机物的监测方法大多采用气相色谱法或离线超临界流

体萃取法，并且能取得良好的使用效果，但是并不能忽视这两种方法的局限性。当今人们不仅对于环境工程很重视，也越来越注重并且着力于环境中挥发性有机物的在线监测方法的分析与钻研，比如膜萃取气相色谱技术与激光光谱技术的应用。但目前还是存在缺点，比如仪器价格昂贵、体积相对庞大等，这些缺点在一定程度上限制了其应用的范围。目前，可调谐激光技术的发展也越来越顺利，这种技术的监测手段也越来越完整，相信在以后的挥发性有机物在线监测工程中可调谐激光吸收光谱技术能发挥出更大的作用。

3. 高效液相色谱法

在自动化技术大力发展的背景下，高效液相色谱法应运而生。这种方式的优势也较为明显，同样也有着高效的监测能力，高效液相色谱法是根据高效液相色谱和质谱的相互接连，有效提升分析监测数据的能力，并且在监测中能够有效地鉴定出相对复杂的监测样本中的微量化合物。并且还能保证在监测后不破坏检测后样本的自体结构，而且，高效液相色谱法的灵敏性也比较高，对于样本成分的分析能力也很突出，在样本监测中可以达到液到液、液到固、离子交换、离子对的分离，能更有效保证定量分析。

其次，紫外检验、荧光检验等一些方法是高效液相色谱法大多采用的方法，能够有效扩大需要监测的范围，提升监测数据的准确性，大力推动了关于改进方案的落实。

4. 吸附管采样 – 热脱附

在环境工程挥发性有机物的监测中，一部分特殊的化合物能够根据吸附管取样和热脱附的方式来进行监测。例如 TO-17 在空气中采集样品时，使用了吸附管取样热脱附监测技术，收集了 30 多种挥发性有机化合物，如氯苯、苯系物和卤代烃，在气相色谱分离过程中，经热脱附后，通过质谱仪进行鉴定。这个技术操作容易，选择性高，经济投入也低。它可以在没有液氮的情况下冷却，并可用于收集和处理大体积样品。吸附管取样不可以应用在性质差别太大的组分，特别是低碳等挥发性组分。吸附能力弱的低碳组分在 C_3 以下。

如乙炔、乙烯、乙烷等 C_2 化合物占挥发性有机物总量的 30% 以上。乙炔和乙烯的臭氧生成系数为臭氧的生成带来了很强的驱动力，基于此，吸附管采样热解吸并不适用于环境空气中的挥发性有机化合物的监测。高浓度样品出现穿透情况的概率高，采样时要应用串联方式，但吸附柱发生中毒的概率也会比较大。针对极性较高的酮和醛，由于这两个方式的灵敏度很低，所以应用吸附管采样或罐采样的过程就比较繁琐。将 HJ68331 — 2014 样品管填充并涂上 2，4 —二硝基苯肼，所得到衍生物稳定性极高，可以储存一个月。乙腈溶解后，应用液相色谱法进行取样分析。该方法简便、灵敏、成本低，适用于醛、酮的测定。但由于应用范围小，该方法仅限于醛和酮的检测。

5. 其他的监测方法

在环境工程挥发性有机物的监测中，除去上文中描述的监测方式，另外还有一些监测方法。比如，通过 HJ1011 — 2018 傅立叶变换红外气体分析仪器进行检测，在监测空气中的乙烷、乙烯、丙烯、乙炔、苯、甲苯、乙苯和苯乙烯等挥发性有机物时有很大的优势，这种仪器的优点在于比较方便携带，对于监测的实际环境要求也不高，但是这种仪器监测也存在一定局限性，因为在实际监测工作中这类仪器的监测种类并不多，并且检出限（检出限一般有仪器检出限，仪器检出限是指分析仪器能检出与噪音相区别的小信号的能力）较高，所以在监测工作中主要适用于应急定性和半定量的监测任务。其他监测标准方法无法进行多组分监测任务，对于单一或几种污染物的监测工作会多一些，HJ583 – 2010，HJ584 – 2010，这两点仪器就只能监测几种常见的苯系物。

（四）适合我国的环境空气 VOCs 监测方法

随着我国经济的发展，对于环境工程的也越来越重视，对于环境工程中挥发性有机物的监测也逐渐严格，目前，对于挥发性有机物的监测方法和仪器选择很多，但是根据我国的实际情况，气相色谱法（GC）和离线超临界流体萃取（GC-MS）法是目前在我国进行监测工作中使用最多的方法，这两种方法也是可以监测数量比较多的挥发性有机物的仪器。目前，通过实验室方法监测环境空气中挥发性有机物的方法有两种较为普遍，并且这两种方法的可操作性较高，第一种是固体吸附 / 热脱附 /GC 或 GC-MS 方法，第二种是罐采样 / 冷冻预浓缩 /GC 或 GC-MS 方法。

在运用这两种方法的监测中，两种方法全是根据富集（从大量母体物质中搜集预测定的微量元素至一较小体积，从而提高其含量至测定下限以上的操作步骤）对于空气中的低浓度挥发性有机物，经过聚集的挥发性有机物的最低含量，可通过 GC 或者 GC-MS 进行采样并对目标挥发性有机物进行详细分析，从而得到准确性较高的测定数据。从目前的监测效果来看，更有优势的方式是罐采样 / 冷冻浓缩方法。

第四章　生态环境污染监测实践及创新技术应用

生物与其生存环境之间存在着相互影响、相互制约、相互依存的密切关系。其中，生物需要不断直接或间接地从环境中吸取营养，进行新陈代谢，维持自身生命。当空气、水体、土壤等环境要素受到污染后，生物在吸收营养的同时也吸收了污染物质，并在体内迁移、积累，从而受到污染。受到污染的生物在生态、生理和生化指标、污染物在体内的行为等方面会发生变化，出现不同的症状或反应，利用这些变化来反映和度量环境污染程度的方法称为生物监测法。

生物监测具有物理和化学监测所不可替代的作用，其特点体现在：①生物监测反映的是自然的、综合的污染状况；②能直接反映环境质量对生态系统的影响；③可以进行连续监测，不需要昂贵的仪器、设备；④生物可以选择性地富集某些污染物（可达环境浓度的 10^3 ~ 10^6 倍）；⑤可以作为早期污染的"报警器"；⑥可以监测污染效应的发展动态；⑦可以在大面积或较长距离内密集布点，甚至在边远地区也能布点进行监测。因此，生物监测方法是物理和化学监测方法的重要补充，它们相结合即构成了综合环境监测手段。

根据生物所处的环境介质，生物监测可分为水环境污染生物监测、空气污染生物监测和土壤污染生物监测。按生物分类法划分，生物监测包括动物监测、植物监测和微生物监测。按生物学层次划分，生物监测方法主要有生态监测（群落生态和个体生态），生物测试（毒性测定、致突变测定等），生物的生理、生化指标测定及生物体内污染物残留量的测定等。按采用的方法划分，生物监测主要有实验室内的生物测试和现场生物调查两种方法。

利用生物进行环境污染监测，早在 20 世纪初就引起了生态学家的注意。例如，利用植物叶片受害症状监测空气中的污染物，利用地衣的种类、数量和盖度来说明空气质量变化，利用生物群落特征和变化监测水体污染状况，利用金丝雀和老鼠来监测矿区瓦斯含量等。自 20 世纪 70 年代以来，水污染和空气污染生物监测技术发展较迅速，相比之下，土壤污染生物监测工作开展和应用较少。近几年，随着空间技术的发展，生态监测也受到广泛的关注。

第一节　水环境污染生物监测

一、水环境污染生物监测的目的、样品采集和监测项目

对水环境进行生物监测的主要目的是了解污染对水生生物的危害状况，判别和测定水体污染的类型和程度，为制定控制污染措施、使水环境生态系统保持平衡提供依据。

水环境生物监测的监测断面和采样点的布设，应在对监测区域的自然环境和社会环境进行调查研究的基础上，遵循监测断面要有代表性，尽可能与物理和化学监测断面相一致，并考虑水环境的整体性、监测工作的连续性和经济性等原则。对于河流，应根据其流经区域的长度，至少设上（对照）、中（控制）、下（削减）游三个断面；采样点数视断面宽、水深、生物分布特点等确定。对于湖泊、水库，一般应在入湖（库）区、中心区、出口区、最深水区、清洁区等处设监测断面。对于海洋，监测站点应覆盖或代表监测海域，以最少数量监测站点满足监测目的需要和统计学要求；监测站点应考虑监测海域的功能区划和水动力状况，尽可能避开污染源；除特殊需要（因地形、水深和监测目标所限制）外，可结合水质或沉积物，采用网格式或断面等方式布设监测站点；开阔海区监测站点可适当减少，半封闭或封闭海区监测站点可适当增加；监测站点一经确定，不应随意更改，不同监测航次的监测站点应保持不变。

在我国《水环境监测规范》《水和废水监测分析方法》（第四版）和《中国环境监测技术路线研究》中，对河流、湖泊、水库等淡水环境的生物监测的监测断面布设原则和方法、采样时间和频率、样品的采集和保存，以及监测项目和方法都做了规定。在《近岸海域环境监测规范》中也规定了海洋生物监测的站点布设、监测时间与频率、监测项目、样品的采集与管理及分析方法等相关内容。按照规定的方法布点、采样、检测，获得各生物类群的种类和数量等数据后，可采用相应的方法评价水环境污染状况。

水环境生物监测，以生物群落监测为主，针对不同的水体和监测的目的，采用不同的监测指标和方法。河流监测指标以底栖动物和大肠菌群监测为主，结合生物监测和浮游植物监测进行分析评价，河流水质评价采用 Shannon 多样性指数。湖泊、水库主要监测其富营养化情况，监测指标以叶绿素 a、浮游植物为主要指标，结合底栖动物的种类、数量和大肠菌群进行分析。湖泊水质评价方法采用以下三种：① Shannon 多样性指数；② Margalef 多样性指数；③藻类密度标准（湖泊富营养化评价标准）。

海洋生物监测可采用浮游植物、浮游动物及底栖生物的种类组成（特别是优势种分布）、种类多样性、均匀度和丰度，以及栖息密度等作为评价参数。海洋浮游生物、底栖生物用 Shannon 多样性指数法、描述法和指示生物法，定量或定性评价海域环境对海洋浮游生物、底栖生物的影响程度。

二、水环境污染生物监测方法

（一）污水生物系统法

污水生物系统是德国学者于 20 世纪初提出的，其原理基于将受有机物污染的河流按照污染程度和自净过程，自上游向下游划分为四个相互连续的河段，即多污带段、α - 中污带段、β - 中污带段和寡污带段，它们都有各自的物理、化学和生物学特征。根据所监测水体中生物种类的存在与否，划分污水生物系统，确定水体的污染程度。

（二）生物群落监测方法

未受污染的环境水体中生活着多种多样的水生生物，这是长期自然发展的结果，也是生态系统保持相对平衡的标志。当水体受到污染后，水生生物的群落结构和生物个体数量就会发生变化，使自然生态平衡系统被破坏，最终结果是敏感生物消亡，抗性生物旺盛生长，群落结构单一，这是生物群落监测法的理论依据。此法是建立在指示生物的基础上的。

1. 水污染指示生物法

水污染指示生物是指能对水体中污染物产生各种定性、定量反应的生物，如浮游生物、着生生物、底栖动物、鱼类和微生物等，它们对水环境的变化特别是化学污染反应敏感有较高的耐受性。水污染指示生物法就是通过观察水体中的指示生物的种类和数量变化来判断水体污染程度的。

浮游生物是指悬浮在水体中的生物，可分为浮游动物和浮游植物两大类，它们多数个体小，游泳能力弱或完全没有游泳能力，过着“随波逐流”的生活。在淡水中，浮游动物主要由原生动物、轮虫、枝角类和桡足类组成。浮游植物主要是藻类，它们以单细胞、群体或丝状体的形式出现。浮游生物是水生食物链的基础，在水生生态系统中占有重要地位，其中多种对环境变化反应很敏感，可作为水污染的指示生物，所以在水污染调查中，浮游生物常被列为主要研究对象之一。

着生生物（即周丛生物）是指附着在长期浸没于水中的各种基质（植物、动物、石块、人工物品）表面上的有机体群落。它包括许多生物类别，如细菌、真菌、藻类、原生动物、轮虫、甲壳动物、线虫、寡毛虫类、软体动物、昆虫幼虫，甚至鱼卵和幼鱼等。近年来，着生生物的研究日益受到重视，其中主要原因是其可以指示水体的污染程度，对河流水质评价效果尤佳。

底栖动物是栖息在水体底部淤泥中、石块或砾石表面及间隙中，以及附着在水生植物之间的肉眼可见的水生无脊椎动物，其体长超过 2mm，亦称底栖大型无脊椎动物。它们广泛分布在江、河、湖、水库、海洋和其他各种小水体中，包括水生昆虫、大型甲壳类、软体动物、环节动物、圆形动物、扁形动物等许多动物门类。底栖动物的移动能力差，故在正常环境下、比较稳定的水体中种类比较多，每个种类的个体数量适当，群落结构稳定。

但当水体受到污染后，其群落结构便发生变化。严重的有机污染和毒物的存在，会使多数较为敏感的种类和不适应缺氧环境的种类逐渐消失，而仅保留耐污染种类，使其成为优势种类。目前应用底栖动物对污染水体进行监测和评价已被各国广泛应用。

在水生食物链中，鱼类代表着最高营养水平。凡能改变浮游动物和大型无脊椎动物生态平衡的水质因素，也能改变鱼类种群。同时，由于鱼类和无脊椎动物的生理特点不同，某些污染物对低等生物可能没有明显作用，但鱼类却可能受到影响。因此，鱼类的状况能够全面反映水体的总体质量。进行鱼类生物调查对评价水质具有重要意义。例如，胭脂鱼是上海土著鱼，对水中的溶解氧和重金属的敏感度较高，水质可影响它的生理指标、生长指标和死亡率。将其投放到苏州河中，通过对其体征状态的监测，可以起到监测水质的作用。又如德国在莱茵河治理过程中，治理目标是“让大马哈鱼重返莱茵河”，故将大马哈鱼作为指示生物，检验河流生态恢复的效果。

在清洁的河流、湖泊、池塘中，有机质含量少，微生物也很少，但受到有机物污染后，微生物数量大量增加，所以水体中含微生物的多少可以反映水体被有机物污染的程度。

当水体污染严重时，选择能在溶解氧较低的环境中生活的颤蚓类、细长摇蚊幼虫、纤毛虫、绿色裸藻等作指示生物，其中颤蚓类是有机物严重污染水体的优势种，数量越多，水体污染越严重。如美国在伊利湖污染的调查中，利用湖中颤蚓数量作为评价指标，根据单位面积的水体中颤蚓数量将受污染水域分为无污染、轻度污染、中度污染和重度污染。水体中度污染的指示生物有瓶螺、轮虫、被甲栅藻、环绿藻、脆弱刚毛藻等，它们对低溶解氧有较好的耐受能力，常在中度有机物污染的水体中大量出现。

清洁水体指示生物有蚊石蚕、蜻蜓幼虫、田螺、浮游甲壳动物、簇生枝竹藻等，只能在溶解氧很高、未受污染的水体中大量繁殖。

2. 生物指数监测法

生物指数是指运用数学公式计算出的反映生物种群或群落结构变化，用以评估环境质量的数值。常用的生物指数有如下几种：

（1）贝克生物指数

贝克于1955年首先提出一个简易的计算生物指数的方法，并依据该指数的大小来评价水体污染程度。他把从采样点采到的底栖大型无脊椎动物分为两类，即不耐有机物污染的敏感种和耐有机物污染的耐污种，按下式计算生物指数：

$$生物指数（BI）= 2A + B$$

式中：A、B——敏感种数和耐污种数。

当 $BI > 10$ 时，为清洁水域；BI 为 1 ~ 6 时，为中等污染水域；$BI = 0$ 时，为严重污染水域。

（2）贝克-津田生物指数

1974年，津田松苗在对贝克生物指数进行多次修改的基础上，提出不限于在采样点采集，而是在拟评价或监测的河段把各种底栖大型无脊椎动物尽量采到，再用贝克生物指数公式计算，所得数值与水质的关系为：$BI \geqslant 20$，为清洁水区；$10 < BI < 20$，为轻度污染水区；$6 < BI \leqslant 10$，为中等污染水区；$0 < BI \leqslant 6$，为严重污染水区。

（3）生物种类多样性指数

马格利夫（Margalef）、沙农（Shannon）、威尔姆（Willam）等根据群落中生物多样性的特征，经对水生指示生物群落、种群的调查和研究，提出用生物种类多样性指数评价水质。该指数的特点是能定量反映群落中生物的种类、数量及种类组成比例变化信息。

① Margalef 多样性指数计算式为：

$$D=S-1/InN$$

式中：D——生物种类多样性指数；

N——各类生物的总个数；

S——生物种类数。

D 值越低污染越重，D 值越高水质越好。其缺点是只考虑种类数与个体数的关系，没有考虑个体在种类间的分配情况，容易掩盖不同群落种类和个体的差异。

② Shannon 和 Willam 根据对底栖大型无脊椎动物的调查结果，提出用底栖大型无脊椎动物种类多样性指数（Shannon 多样性指数）来评价水质。采用底栖大型无脊椎动物种类多样性指数来评价水域被有机物污染状况是比较好的方法，但由于影响变化的因素是多方面的，如生物的生理特性、水中营养盐的变化等，故将其与各种生物数量的相对均匀程度及化学指标相结合，才能获得更可靠的评价结果。

（4）硅藻生物指数

用作计算生物指数的生物除底栖大型无脊椎动物外，也有用浮游藻类的，如硅藻生物指数：

$$硅藻生物指数=2A+B-2C/A+B-C \times 100$$

式中：A——不耐污染藻类的种类数；

B——广谱性藻类的种类数；

C——仅在污染水域才出现的藻类的种类数。

万佳等 1991 年提出：硅藻生物指数 0 ~ 50 为多污带；50 ~ 100 为 α- 中污带；100 ~ 150 为 β- 中污带；150 ~ 200 为寡污带。

3.PFU 微型生物群落监测法（简称 PFU 法）

（1）方法原理

微型生物是指水生生态系统中在显微镜下才能看到的微小生物，包括细菌、真菌、藻类、原生动物和微型后生动物等。它们彼此间有复杂的相互作用，在一定的环境中构成特定的群落，其群落结构特征与高等生物群落相似。当水环境受到污染后，群落的平衡被破坏，种类数减少，多样性指数下降，随之结构、功能参数发生变化。

PFU 法是美国 Cairns 博士 1969 年创立的。我国于 1991 年颁布（GB/T 12990—91）。该方法是以聚氨酯泡沫塑料块（PFU）作为人工基质沉入水体中，经一定时间后，水体中大部分微型生物种类均可群集到 PFU 内，达到种类数的平衡，通过观察和测定该群落结构与功能的各种参数来评价水质状况。还可以用毒性试验方法预测废（污）水或有害物质对受纳水体中微型生物群落的毒害强度，为确定安全浓度和最高允许浓度提出群落级水平的基准。

（2）测定要点

监测江、河、湖、塘等水体中微型生物群落时，将用细绳沿腰捆紧并有重物垂吊的 PFU 悬挂于水中采样，根据水环境条件确定采样时间，一般在静水中采样约需 4 周，在流水中采样约需 2 周。采样结束后，带回实验室，把 PFU 中的水全部挤于烧杯内，用显微镜进行微型生物群落观察和活体计数。国家推荐标准（GB/T 12990—91）中规定镜检原生动物要求看到 85% 的种类；若要求测定种类多样性指数，需取水样于计数框内进行活体计数观察。

进行毒性试验时，可采用静态式，也可采用动态式。静态毒性试验是在盛有不同毒物【或废（污）水】浓度的试验盘中分别挂放空白 PFU 和种源 PFU，后者在盘中央（每盘放一块），前者（每盘放八块）在后者的周围，并均与其等距。将试验盘置于玻璃培养柜内，在白天开灯、天黑关灯的环境中试验，于第 1、3、7、11、15 天取样镜检。种源 PFU 是在无污染水体中已放数天，群集了许多微型生物种类的 PFU，它群集的微型生物群落已接近平衡期，但未成熟。动态毒性试验是用恒流稀释装置配制不同废（污）水（或毒物）浓度的试验溶液，分别连续滴流到各挂放空白 PFU 和种源 PFU 的试验槽中，在第 0.5、1、3、7、11、15 天取样镜检。

（3）结果表示

微型生物群落观察和测定结果可用表 4-1 所列结构参数和功能参数表示。表中分类学参数是通过种类鉴定获得的，非分类学参数是用仪器或化学分析法测定后计算出的。群集过程三个参数的含义是：Seq 为群落达平衡时的种类数；G 为微型生物群集速率常数；T90% 为达到 90% Seq 所需时间，利用这些参数即可评价污染状况。例如，清洁水体的异养性指数在 40 以下；污染指数与群落达平衡时的种类数 Seq 成负相关，与群集速率常数 G 成正相关等。还可通过试验获得 Seq 与毒物浓度之间的相关公式，并据此获得有效浓度（EC_5、EC_{20}、EC_{50}）和预测毒物最大允许浓度（MATC）。

表 4-1 微型生物群落观察和测定结果

	结构参数	功能参数
分类学	1. 种类数 2. 指示种类 3. 多样性指数	1. 群集过程（Seq、G、T90%） 2. 功能类群（光合自养者、食菌者、食藻者、食肉 者、腐生者、杂食者）
非分类学	1. 异养性指数 2. 叶绿素 a	1. 光合作用速率 2. 呼吸作用速率

（三）生物测试法

利用生物受到污染物危害或毒害后所产生的反应或生理机能的变化，来评价水体污染状况，确定毒物安全浓度的方法称为生物测试法。该方法有静水式生物测试和流水式生物测试两种。前者是把受试生物放于不流动的试验溶液中，测定污染物的浓度与生物中毒反应之间的关系，从而确定污染物的毒性；后者把受试生物放于连续或间歇流动的试验溶液中，测定污染物浓度与生物反应之间的关系。测试分为短期（不超过 96h）的急性毒性试验和长期（如数月或数年）的慢性毒性试验。在一个试验装置内，测试生物可以是一种，也可以是多种。测试工作可在实验室内进行，也可在野外污染水体中进行。

1. 水生生物毒性试验

进行水生生物毒性试验可用鱼类、溞类、藻类等，其中鱼类毒性试验应用较广泛。

鱼类对水环境的变化反应十分灵敏，当水体中的污染物达到一定浓度或强度时，就会引起系列中毒反应。例如，行为异常、生理功能紊乱、组织细胞病变，最后直至死亡。鱼类毒性试验的主要目的是寻找某种毒物或工业废水对鱼类的半数致死浓度与安全浓度，为制定水质标准和废水排放标准提供科学依据；测试水体的污染程度和检查废水处理效果等。有时鱼类毒性试验也用于一些特殊目的，如比较不同化学物质毒性的高低，测试不同种类鱼对毒物的相对敏感性，测试环境因素对废水毒性的影响等。下面介绍静水式鱼类急性毒性试验：

（1）供试验鱼的选择和驯养

金鱼来源方便，常用于试验。要选择无病、活泼、鱼鳍完整舒展、食欲和逆水性强、体长（不包括尾部）约 3cm 的同种和同龄的金鱼。选出的鱼必须先在与试验条件相似的生活条件（温度、水质等）下驯养 7d 以上。试验前一天停止喂食。如果在试验前四天内发生死亡现象或发病的鱼高于 10%，则不能使用。

（2）试验条件选择

每种浓度的试验溶液为一组，每组至少 10 条鱼。试验容器用容积约 10L 的玻璃缸，保证每升水中鱼质量不超过 2g。

试验溶液的温度要适宜，对冷水鱼温度为 12℃ ~ 28℃，对温水鱼温度为 20℃ ~ 28℃。同一试验中，温度变化为 ±2℃；试验溶液中不能含大量耗氧物质，要有足够的溶解氧，对冷水鱼 DO ≥ 5mg/L，对温水鱼 DO ≥ 4mg/L；试验溶液的 pH 应为 6.7~8.5，试验期间 pH 波动范围不得超过 0.4 个 pH 单位；硬度影响毒物毒性，一般来说，硬水可降低毒物毒性，而软水可增强毒物毒性，因此，必须注意检测试验溶液的硬度，并在报告中注明。硬度应为 50~250mg/L（以 $CaCO_3$ 计）。

配制试验溶液和驯养鱼用的水应是未受污染的河水或湖水。如果使用自来水，必须经充分曝气才能使用，且不宜使用蒸馏水。

（3）试验步骤

①预试验（探索性试验）：为保证正式试验顺利进行，须经探索性试验确定试验溶液

的浓度范围，即通过观察 24h（或 48h）鱼类中毒的反应和死亡情况，确立不发生死亡、全部死亡和部分死亡的浓度范围。

②试验溶液浓度设计：合理设计试验溶液浓度是试验成功的重要保证，通常选 7 个浓度（至少 5 个），浓度间隔取等对数间距，例如：10.0、5.6、3.2、1.8、1.0（对数间距 0.25）或 10.0、7.9、6.3、5.0、4.0、3.6、2.5、2.0、1.6、1.26、1.0（对数间距 0.1），其单位可用体积分数（如废水）或质量浓度（mg/L）表示。另设一对照组，对照组在试验期间如果鱼死亡率超过 10%，则整个试验结果不能采用。

③试验：将试验用鱼分别放入盛有不同浓度溶液和对照水的玻璃缸中，并记录时间。前 8h 要连续观察和记录试验情况，如果正常，继续观察，记录 24h、48h 和 96h 鱼的中毒症状和死亡情况，供判定毒物或工业废水的毒性。

④毒性判定：半数致死量（LD_{50}）或半数致死浓度（LC_{50}）是评价毒物毒性的主要指标之一。鱼类急性毒性的分级标准如表 4-2 所示。求 LC_{50} 的简便方法是将试验用鱼死亡半数以上和半数以下的数据与相应试验溶液毒物（或废水）浓度绘于半对数坐标纸上（对数坐标表示毒物浓度，算术坐标表示死亡率），用直线内插法求出。表 4-2 列出假设某废水的试验结果，图 4-1 为利用试验结果求 LC_{50} 的方法（直线内插法）。将三种试验时间试验鱼死亡半数以上和半数以下最接近半数的死亡率数值与相应废水浓度数值的坐标交点标出，并分别连接起来，再由 50% 死亡率处引一横坐标的垂线，与上述三线相交，由三交点分别向纵坐标作垂线，垂线与纵坐标的交点处浓度即为 LC_{50}，可见 24h、48h 和 96h 的 LC_{50} 分别为 5.2%、4.7%、4.4%。

表 4-2 鱼类急性毒性的分级标准

96 h LC_{50}/（mg·L）	＜1	1-10	10-100	＞100
毒性分级	极高毒	高毒	中毒	低毒

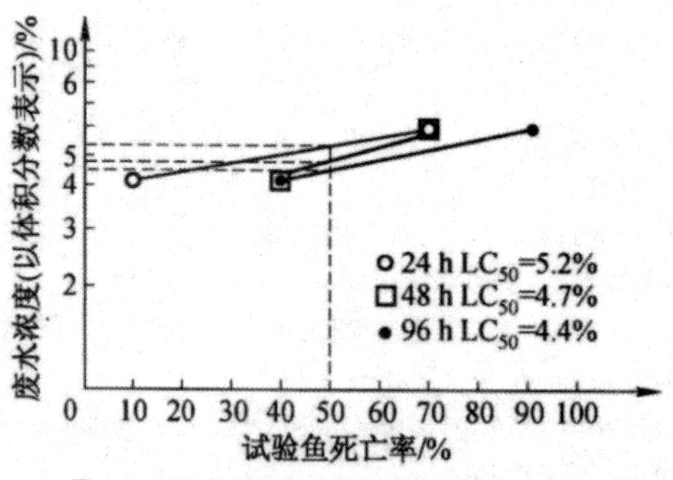

图 4-1 利用试验结果求 LC_{50} 的方法（直线内插法）

⑤鱼类毒性试验的应用：鱼类毒性试验的一个重要目的是根据试验数据估算毒物的安

全浓度，为制立有毒物质在水中的最高允许浓度提供依据。计算安全浓度的试验公式有以下几种：

$$安全浓度=\frac{24hLC_{50}\times 0.3}{\left[24hLC_{50}/48hLC_{50}\right]^{3}}$$

$$安全浓度=\frac{48hLC_{50}\times 0.3}{\left[24hLC_{50}/48hLC_{50}\right]^{2}}$$

$$安全浓度=24hLC_{50}\times(0.1\sim 0.01)$$

目前应用比较普遍的是最后一种。对易分解、积累少的化学物质一般选用的系数为 0.05 ~ 0.1，对稳定的、能在鱼体内高积累的化学物质，一般选用的系数为 0.01 ~ 0.05。

按公式计算出安全浓度后，要进一步做验证试验，特别是具有挥发性和不稳定性的毒物或废水，应当用恒流装置进行长时间（如一个月或几个月）的验证试验，并设对照组进行比较，如发现有中毒症状，则应降低毒物或废水浓度再进行试验，直到确认某浓度对鱼是安全的，即可定为安全浓度。此外，在验证试验过程中必须投喂饵料。

2. 发光细菌法

（1）方法原理。

发光细菌是一类非致病的革兰氏阴性微生物，它们在适当条件下能发射出肉眼可见的蓝绿色光（450nm ~ 490nm）。当样品毒性组分与发光细菌接触时，可影响或干扰细菌的新陈代谢，使细菌的发光强度下降或不发光。在一定毒物浓度范围内，毒物浓度与发光强度成负相关线性关系，可使用生物发光光度计测定水样的相对发光强度来监测毒物的浓度。

国家标准（GB/T 15441—1995）中，以氯化汞作为参比毒物表征废水或可溶性化学物质的毒性，也可用半数有效浓度（EC_{50}），即发光强度为最大发光强度一半时的废水浓度或可溶性化学物质的浓度来表征；选用明亮发光杆菌 T3 亚种（Photobacterium phosphoreum T3spp）作为发光细菌。因该菌是一种海洋细菌，故水样和参比毒物溶液应含有一定浓度的氯化钠。

目前，常采用新鲜发光细菌培养法和冷冻干燥发光菌粉制剂法。

（2）测定要点。

①试验材料的准备：专用生物毒性测试仪，发光细菌琼脂培养液、液体培养基，0.02 ~ 0.24mg/L 系列 $HgCl_2$ 标准溶液，新鲜明亮发光杆菌 T3 亚种或明亮发光杆菌冻干粉，化学毒物或综合废水等。

②新鲜发光细菌悬液的制备：从明亮发光杆菌的菌种管斜面中挑取一环细菌接种于新的发光细菌琼脂斜面上，待斜面长满菌苔并明显发光时加入适量稀释液并制成菌悬液；取 0.1mL 菌悬液接种于 50mL 液体培养基中，在 22℃摇床振荡培养至对数生长中期（12 ~ 14h），用稀释液将菌悬液稀释成 5×10^{7} 个（细胞）/【mL（菌悬液）】，置于 4℃下保存备用。

③样品测定：将过滤去除颗粒物杂质的待测水样加入占水样质量3%的NaCl，然后依次加入稀释液和待测水样，恒温（20±0.5）℃后加入等量发光细菌悬液，依次测其发光强度。

④测试结果分析：根据测得的待测水样的发光强度计算其相对折光率，计算公式为：

相对折光率（%）=（对照光强度—样品光强度）/ 对照光强度 ×100

式中：对照光强度——水样中废水浓度为0的1号测试管中测得的发光强度。

EC_{50}：在双对数坐标纸上，以水样浓度为横坐标，以相对折光率为纵坐标作图，由图求得水样的EC_{50}，确定水样的生物毒性。

3. 致突变和致癌物检测

致突变和致癌物也称诱变剂，其检测方法有微核测定法、艾姆斯（Ames）试验法、染色体畸变试验法等。

微核测定法原理基于：生物细胞中的染色体在复制过程中常会发生一些断裂，在正常情况下，这些断裂绝大多数能自行愈合，但如果受到外界诱变剂的作用，就会产生一些游离染色体断片，形成包膜，变成大小不等的小球体（微核），其数量与外界诱变剂强度成正比，可用于评价环境污染水平和对生物的危害程度。该方法所用生物材料可以是植物或动物组织或细胞。植物广泛应用紫露草和蚕豆根尖。紫露草以其花粉母细胞在减数分裂过程中的染色体作为诱变剂的攻击目标，把四分体中形成的微核数作为染色体受到损伤的指标，评价受危害程度。蚕豆根尖细胞的染色体大，DNA含量多，对诱变剂反应敏感。

Ames试验是利用鼠伤寒沙门氏菌（Salmonella typhimurium）的组氨酸营养缺陷型菌株发生回复突变的性能来检测被检物是否具有致突变性。这种菌株均含有控制组氨酸合成的基因，在不含组氨酸的培养基中不能生长，但如果存在致突变物时，便作用于菌株的DNA，使其特定部位发生基因突变而回复突变为野生型菌株，能在无组氨酸的培养基中生长。考虑到许多物质是在体内经代谢活化后才显示出致突变性的，Ames等人采用了在体外加入哺乳动物肝微粒体酶系统（简称S-9混合液）使被检物活化的方法，提高了试验的可靠性。

染色体畸变试验是依据生物细胞在诱变剂的作用下，其染色体数目和结构发生变化，如染色单体断裂、染色单体互换等，以此检测诱变剂及其强度。

（四）叶绿素a的测定

叶绿素是植物光合作用的重要光合色素，常见的有叶绿素a、b、c、d四种类型，其中叶绿素a是一种能将光合作用的光能传递给化学反应系统的唯一色素，叶绿素b、c、d等吸收的光能均是通过叶绿素a传递给化学反应系统的。通过测定叶绿素a，可掌握水体的初级生产力，了解河流、湖泊和海洋中浮游植物的现存量。试验表明，当叶绿素a质量浓度升至$10mg/m^3$以上并有迅速增加的趋势时，就可以预测水体即将发生富营养化。因此，可将叶绿素a含量作为评价水体富营养化并预测其发展趋势的指标之一。

叶绿素a的测定方法有高效液相色谱法、分光光度法和荧光光谱法。高效液相色谱法精确度高，但操作步骤烦琐。目前最常用的是分光光度法和荧光光谱法。

1. 分光光度法测定叶绿素 a

（1）基本原理。

叶绿素 a 的最大吸收峰位于 663nm，在一定浓度范围内，其吸光度与其浓度符合朗伯 - 比尔定律，可根据吸光度 - 浓度之间的线性关系，计算叶绿素 a 的浓度。叶绿素 b、叶绿素 c 和提取液浊度的干扰可通过分别在 645nm、630nm 和 750nm 处测得的吸光度校正。水样中的浮游植物采用过滤法富集，用有机溶剂提取其中的叶绿素。

根据所用提取液的不同，叶绿素 a 的分光光度法测定可分为丙酮法、甲醇法和乙醇法等。我国一直沿用丙酮法。但近年来国际上从萃取效果和安全保障等方面考虑，已逐渐改用乙醇法。

（2）测定方法及要点。

①丙酮法：该方法适合于藻类繁殖比较旺盛的水样和表面附着的藻类。

a. 样品的制备及叶绿素的提取：离心或过滤浓缩水样，用质量分数为 90% 的丙酮溶液提取其中的叶绿素。

将一定量的水样用乙酸纤维滤膜过滤，将收集有浮游植物的滤膜于冰箱内低温干燥 6 ~ 8h 后放入组织研磨器，加入少量碳酸镁粉末及 2 ~ 3mL 质量分数为 90% 的丙酮溶液，充分研磨后提取叶绿素 a，离心，取上清液。重复提取 1 ~ 2 次，离心所得上清液合并于容量瓶，用质量分数为 90% 的丙酮溶液定容（5mL 或 10mL）。

b. 测定：取上清液于 1cm 比色皿中，以质量分数为 90% 的丙酮溶液为参比，分别读取 750nm、663nm、645nm 和 630nm 的吸光度。

c. 计算：叶绿素 a 的质量浓度按如下公式计算：

$$\rho(\text{叶绿素a})(mg/m^3)=\frac{\left[11.64\times\left(A_{663}-A_{750}\right)-2.16\times\left(A_{663}-A_{750}\right)+0.10\left(A_{663}-A_{750}\right)\right]\times V_1}{V\delta}$$

式中：V——水样体积，L；

A——吸光度；

V_1——离心并合并后上清液定容的体积，mL；

δ——比色皿光程，cm。

②乙醇法：其测定原理与丙酮法相同，不同的是以体积分数为 90% 的热乙醇溶液提取样品中的叶绿素。方法要点如下：

a. 样品制备：过滤一定体积（V）的水样，将滤膜向内对折，于 -20℃的冰箱中至少保存一昼夜。

b. 叶绿素提取：从冰箱中取出样品，立即加入约 4mL 体积分数为 90% 的热乙醇溶液，80℃ ~ 85℃水浴保温 2min 后于室温下避光萃取 4 ~ 6h，玻璃纤维滤膜过滤，收集滤液并定容至 10mL（V_1）。

c. 测定：以体积分数为90%的热乙醇溶液为参比，分别测定样品在665nm和750nm的吸光度A_{665}和A_{750}，然后在样品中加入1mol/L的盐酸酸化，混匀，1min后重新测定前面两个波长处的吸光度A'_{665}和A'_{750}。

d. 计算：样品中的叶绿素a质量浓度按下式进行计算：

$$\rho(\text{叶绿素a})(mg/m^3) = 27.9V_1 \times ((A_{665} - A_{750}) - (A'_{665} - A'_{750}))/V$$

2. 荧光光谱法测定叶绿素a

方法原理：当丙酮提取液用436nm的紫外线照射时，叶绿素a可发射670nm的荧光，在一定浓度范围内，发射荧光的强度与其浓度成正比，因此，可通过测定样品丙酮提取液在436nm紫外线照射时产生的荧光强度，定量测定叶绿素a的含量。

该方法灵敏度比分光光度法高约两个数量级，适合于藻类比较少的贫营养化湖泊或外海中叶绿素a的测定。但是分析过程中易受其他色素或色素衍生物的干扰，并且不利于野外快速测定。

（五）微囊藻毒素的测定

1. 微囊藻毒素的毒性和结构

水体中产毒藻类主要为蓝藻，如微囊藻、鱼腥藻和束丝藻等，其中微囊藻可产生肝毒素，导致腹泻、呕吐、以及肝肾等器官的损坏，并有促瘤致癌作用；鱼腥藻和束丝藻可产生神经毒素，损害神经系统，引起惊厥、口舌麻木、呼吸困难，甚至呼吸衰竭。微囊藻毒素（microcystin，简称MC）是蓝藻产生的一类天然毒素，是富营养化淡水水体中最常见的藻类毒素，也是毒性较大、危害最严重的一种。目前已发现的微囊藻毒素有80多种，其中微囊藻毒素-LR是最常见、毒性最大的一种。

世界卫生组织（WHO）在《饮用水水质标准》（第二版）中规定，微囊藻毒素-LR在生活饮用水中的限值为1μg/L。我国现行的《生活饮用水卫生标准》（GB 5749—2022）和《地表水环境质量标准》（GB 3838—2002）中均规定微囊藻毒素-LR的限值为0.001mg/L。

2. 微囊藻毒素的检测方法

目前，常用的微囊藻毒素的检测方法有生物（生物化学）测试法和物理化学检测法两类，其不同点在于检测原理、样品预处理的复杂程度，以及检测结果的表达形式。我国在《水中微囊藻毒素的测定》（GB/T 20466—2006）中规定采用高效液相色谱（HPLC）法和间接竞争酶联免疫吸附法测定饮用水、湖泊水、河水及地表水中的微囊藻毒素。《生活饮用水标准检验方法有机物指标》（GB/T 5750.8—2006）中也规定采用高效液相色谱法测定生活饮用水及其水源水中的微囊藻毒素。以下介绍高效液相色谱法：

（1）原理。

水样中的微囊藻毒素经反相硅胶柱萃取（固相萃取）富集后，其各种异构体在液相色谱仪中分离，微囊藻毒素对波长为238nm的紫外线有特征吸收峰，经紫外检测器检测，得到样品中不同的微囊藻毒素异构体的色谱峰和保留时间，与微囊藻毒素标准样品的保留时间比较可确定样品中微囊藻毒素的组成，依据峰面积可计算水样中微囊藻毒素的含量。

藻细胞中的微囊藻毒素经冻融、反相硅胶柱萃取浓缩后，可用高效液相色谱法测定。

（2）测定要点。

①水样的采集与制备：采集 1 ~ 5L 水样，0.45μm 滤膜减压过滤，滤液（水样）和藻细胞（膜样）分别进行不同的预处理。

a. 水样处理（测水样中的微囊藻毒素）：滤液→过 5g ODS 柱→依次用 50mL 去离子水、50mL 体积分数为 20% 的甲醇淋洗杂质→ 50mL 体积分数为 80% 的甲醇洗脱→洗脱液在水浴中用氮气流挥发至干燥，残渣溶于 10mL 体积分数为 20% 的甲醇→过 C_{18} 固相萃取小柱→ 10mL 体积分数为 100% 的甲醇洗脱→洗脱液在水浴中用氮气流挥发至干燥，残渣溶于 1mL 色谱纯甲醇→ -20℃保存，待测。

b. 膜样处理（测藻细胞中的微囊藻毒素）：藻细胞（滤膜）→冻融三次→ 100mL 质量分数为 5% 的乙酸萃取 30min →以 4 000r/min 离心 10min，重复三次，合并上清液→上清液过 500mg ODS 柱→ 15mL 体积分数为 100% 的甲醇洗脱→洗脱液在水浴中用氮气流挥发至干燥，残渣溶于 10mL 体积分数为 20% 的甲醇→过 C_{18} 固相萃取小柱→ 10mL 体积分数为 100% 的甲醇洗脱→洗脱液在水浴中用氮气流挥发至干燥，残渣溶于 1mL 色谱纯甲醇→ 20℃保存，待测。

②测定。

a. 色谱条件：高效液相色谱仪（配紫外或二极管阵列检测器），色谱柱（C_{18} 反相柱，长 250mm，内径 4.6mm，填料粒径 5μm），柱温（40℃），流动相（甲醇与 pH=3 的磷酸盐缓冲溶液的体积比为 57 ∶ 43，流量为 1mL/min）。

b. 样品测定：准确取一定体积的待测样品和标准样品，同样条件下进样测定，记录其保留时间和峰面积，并按下式计算样品中微囊藻毒素的含量。标准样品谱图见图 4-2。

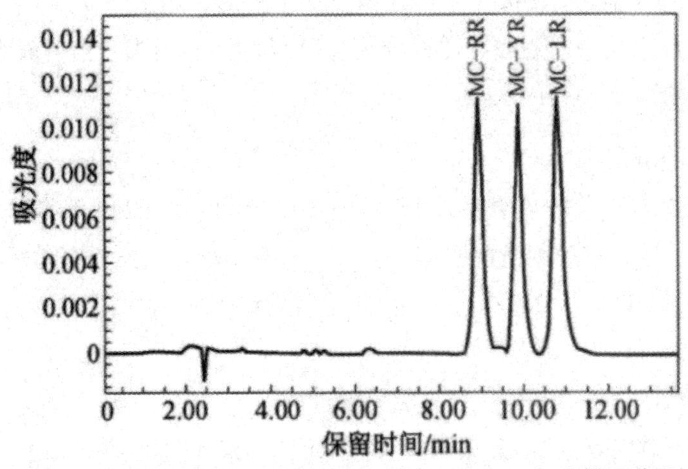

图 4-2 微囊藻毒素 MC-RR、MC-YR 和 MC-LR 标准样品谱图

$$\rho = \frac{\rho_s \cdot A \cdot V_1}{A_s \cdot V_2}$$

式中：ρ——水样中微囊藻毒素的质量浓度，μg/L；

ρ_s——标准样品中微囊藻毒素的质量浓度，μg/L；

A——待测样品峰面积；

A_s——标准样品峰面积；

V_1——待测样品的体积，mL；

V_2——水样的体积，mL。

也可配制不同浓度的MC-RR、MC-YR和MC-LR标准溶液，在同样条件下测得各浓度标准样品和待测样品的峰面积，以峰面积为纵坐标，浓度为横坐标，绘制标准曲线并在标准曲线上查出水样中微囊藻毒素的浓度。

（六）细菌学检验法

细菌能在各种不同的自然环境中生长。地表水、地下水，甚至雨水和雪水都含有多种细菌。当水体受到人畜粪便、生活污水或某些工农业废水污染时，细菌大量增加。因此，水的细菌学检验，特别是肠道细菌的检验，在卫生学上具有重要的意义。但是，直接检验水中各种病原菌方法较复杂，有的难度大，且结果也不能保证绝对安全。所以，在实际工作中，经常以检验细菌总数，特别是检验作为粪便污染的指示细菌，如总大肠菌群、粪大肠菌群、粪链球菌、肠道病毒等，来间接判断水的卫生学质量。

1. 水样采集

采集细菌学检验用水样，必须严格按照无菌操作要求进行；防止在运输过程中被污染，应迅速进行检验。一般从采样到检验不宜超过2h，在10℃以下冷藏保存不得超过6h。

采集江、河、湖、库等水样，可将采样瓶沉入水面下10 ~ 15cm处，瓶口朝水流上游方向，使水样灌入瓶内。需要采集一定深度的水样时，用采水器采集。采集自来水样，首先用酒精灯灼烧水龙头灭菌或用体积分数为70%的酒精消毒，然后放水3min，再采集约为采样瓶容积的80%左右的水量。

2. 细菌总数的测定

细菌总数是指1mL水样在营养琼脂培养基中，于37℃经24h培养后，所生长的细菌菌落（CFU）的总数，它是判断饮用水、水源水、地表水等污染程度的标志。我国《生活饮用水卫生标准》（GB 5749-2022）中规定，每毫升生活饮用水中细菌总数不得超过100个。其主要测定流程如下：

（1）对所用器皿、培养基等按照方法要求进行灭菌。

（2）以无菌操作方法用1mL灭菌吸管吸取混合均匀的水样（或稀释水样）注入灭菌平皿中，倾注约15mL已熔化并冷却到45℃左右的营养琼脂培养基，并旋摇平皿使其混合均匀。每个水样应做两份，还应另用一个平皿只倾注营养琼脂培养基作空白对照。待营养琼脂培养基冷却凝固后，翻转平皿，置于37℃恒温箱内培养24h，然后进行菌落计数。

（3）用肉眼或借助放大镜观察，对平皿中的菌落进行计数，求出1mL水样中的平均菌落数。报告菌落计数时，若菌落数在100以内，按实测数字报告；若大于100，采用两位有效数字，用10的指数来表示。例如菌落数为37750个/mL，记作3.8×10^4个/mL。

3. 总大肠菌群的测定

粪便中存在大量的大肠菌群细菌，其在水体中存活时间和对氯的抵抗力等与肠道致病菌（如沙门氏菌、志贺氏菌等）相似，因此，将总大肠菌群作为粪便污染的指示细菌是合适的。但在某些水质条件下，大肠菌群细菌在水中能自行繁殖。

总大肠菌群是指那些能在35℃、48h内使乳糖发酵产酸、产气、需氧及兼性厌氧的、革兰氏阴性的无芽孢杆菌，以每升水样中所含有的大肠菌群的数目表示。其测定方法有多管发酵法和滤膜法。多管发酵法适用于各种水样（包括底质），但操作较繁琐，耗时较长。滤膜法操作简便、快速，但不适用于浑浊水样。

4. 其他粪便污染指示细菌的测定

粪大肠菌群是总大肠菌群的一部分，是指存在于温血动物肠道内的大肠菌群细菌，与测定总大肠菌群不同之处在于将培养温度提高到44.5℃，在该温度下仍能生长并使乳糖发酵产酸、产气的为粪大肠菌群。

沙门氏菌属是常常存在于污水中的病原微生物，也是引起水传播疾病的重要来源。由于其含量很低，测定时需先用滤膜法浓缩水样，然后进行培养和平板分离，最后进行生物化学和血清学鉴定，确定一定体积水样中是否存在沙门氏菌。

链球菌（通称粪链球菌）也是粪便污染的指示细菌。这种菌进入水体后，在水中不再自行繁殖，这是它作为粪便污染指示细菌的优点。此外，由于人粪便中粪大肠菌群多于粪链球菌，而动物粪便中粪链球菌多于粪大肠菌群，因此，在水质检验时，根据粪大肠菌群与粪链球菌菌数的比值不同，可以推测粪便污染的来源。当该比值大于4时，则认为污染主要来自人粪；若该比值小于或等于0.7，则认为污染主要来自温血动物粪便；若该比值小于4而大于2，则为混合污染，但以人粪为主;若该比值小于或等于2，而大于或等于1，则难以判定污染来源。粪链球菌数的测定也采用多管发酵法或滤膜法。

第二节　空气污染生物监测

空气中污染物多种多样，有些可以利用指示植物或指示动物监测。由于动物的管理比较困难，目前尚未形成一套完整的监测方法。而植物分布范围广、容易管理，有不少植物品种对不同空气污染物反应很敏感，在污染物达到人和动物受害浓度之前就能显示受害症状。空气污染还会对植物种群、群落的组成和分布产生影响，并能被植物吸收后积累在体内。利用上述种种反应和变化监测空气污染，已较广泛地用于实践中。当然，这种方法也有其固有的局限性。例如，植物对污染因子的敏感性随生活在污染环境中时间的增长而降低、专一性差、定量困难、费时等。

一、利用植物监测

（一）指示植物及其受害症状

指示植物是指受到污染物的作用后能较敏感和快速地产生明显反应的植物，可以选择草本植物、木本植物及地衣、苔藓等。空气污染物一般通过叶面上的气孔或孔隙进入植物体内，侵袭细胞组织，并发生一系列生化反应，从而使植物组织遭受破坏，呈现受害症状。这些症状虽然随污染物的种类、浓度，以及植物的品种、暴露时间不同而有差异，但仍具有某些共同特点，如叶绿素被破坏、细胞组织脱水，叶面失去光泽，出现不同颜色（黄色、褐色或灰白色）的斑点，叶片脱落，甚至全株枯死等异常现象。

1. SO_2 指示植物及其受害症状

对 SO_2 敏感的指示植物较多，如紫花苜蓿、一年生早熟禾、芥菜、堇菜、百日草、大麦、荞麦、棉花、南瓜、白杨、白蜡树、白桦树、加拿大短叶松、挪威云杉及苔藓、地衣等。

植物受 SO_2 伤害后，初期典型症状为失去原有光泽，出现暗绿色水渍状斑点，叶面微微有水渗出并起皱。随着时间的推移，出现的绿斑变为灰绿色，逐渐失水干枯，有明显坏死斑出现等症状；坏死斑有深有浅，但以浅色为主。阔叶植物急性中毒症状是叶脉间有不规则的坏死斑，伤害严重时，点斑发展成为条状、块斑，坏死组织和健康组织之间有一失绿过渡带。单子叶植物在平行叶脉之间出现斑点状或条状坏死区。针叶植物受伤害后，首先从针叶尖端的开始，逐渐向下发展，呈现红棕色或褐色。

硫酸雾危害症状为叶片边缘光滑，受害轻时，叶面上呈现分散的浅黄色透光斑点；受害严重时则成空洞，这是由于硫酸雾以细雾滴附着于叶片上所致。

2. 氮氧化物的指示植物及其受害症状

对 NO_2 较敏感的植物有烟草、番茄、秋海棠、向日葵、菠菜等。

NO_2 对植物构成危害的浓度要大于 SO_2 等污染物。一般很少出现 NO_2 浓度达到能直接伤害植物的程度，但它往往与 O_3 或 SO_2 混合在一起呈现出危害症状，首先在叶片上出现密集的深绿色水侵蚀斑痕，随后这种斑痕逐渐变成淡黄色或青铜色。损伤部位主要出现在较大的叶脉之间，但也会沿叶缘发展。

3. 氟化氢的指示植物及其受害症状

常见氟化氢污染的指示植物有唐菖蒲、郁金香、葡萄、玉簪、金线草、金丝桃树、杏树、雪松、云杉、慈竹、池柏、南洋楹等。

一般植物对氟化物气体很敏感，其危害特点是先在植物的特定部位出现伤斑，如单子叶植物和针叶植物的叶尖、双子叶植物和阔叶植物的叶缘等。开始这些部位发生萎黄，然后颜色转深形成棕色斑块，在发生萎黄组织与正常组织之间有一条明显的分界线，随着受害程度的加重，斑块向叶片中部及靠近叶柄部分发展，最后叶片大部分枯黄，仅叶主脉下部及叶柄附近仍保持绿色。此外，氟化物进入植物叶片后不容易转移到植物的其他部位，在叶片中积累，因此，通过测定植物叶片中氟的含量便可以说明空气中氟污染的程度。

4. 光化学氧化剂（O_3）的指示植物及受害症状

O_3 的指示植物有矮牵牛花、菜豆、洋葱、烟草、菠菜、马铃薯、葡萄、黄瓜、松树、美国白蜡树等。

植物受到 O_3 伤害后，初始症状是叶面上出现分布较均匀、细密的点状斑，呈棕色或褐色；随着时间的延长逐渐褪色，变成黄褐色或灰白色，并连成一片，变成大片的块斑。针叶植物对 O_3 反应是叶尖变红，然后变为褐色，进而褪为灰色，针叶面上有杂色斑。

过氧乙酰硝酸酯（PAN）的指示植物有长叶莴苣、瑞士甜菜及一年生早熟禾等，它们的叶片对 PAN 敏感，但对 O_3 却表现出相当强的抗性。

PAN 伤害植物的早期症状是在叶背面上出现水渍状斑或亮斑，继之气孔附近的海绵组织细胞被破坏并被气窝取代，结果呈现银灰色、褐色。受害部分还会出现许多“伤带”。

5. 持久性有机污染物（POPs）的指示植物及受害症状

对 POPs 敏感的植物有地衣、苔藓，以及某些植物的叶等。

空气中的 POPs 从污染源排放到积累于地衣中至少需要 2 ~ 3 年的时间，因此，利用不同时间采集的地衣进行空气污染的时间分辨监测时，其分辨率在 3 年左右。利用不同地区地衣中 POPs 分布模式间的差异可进行污染源的追踪。苔藓没有真正的根、茎、叶的分化，不具有维管组织，仅靠茎叶体从周围空气中吸收养料，故苔藓能指示空气 POPs 的污染状况，而不受土壤条件差异的影响。研究表明树叶中 POPs 的含量与空气 POPs 的含量成线性相关。其中，松柏类针叶由于表面积大、脂含量高、气孔下陷、生活周期长，对 POPs 的吸附容量大，在空气 POPs 污染监测中的应用最广，所涉及的化合物包括 PAHs、PCBs、OCPs、PCDD/Fs 等。

（二）监测方法

1. 栽培指示植物监测法

如果监测区域生长着被测污染物的指示植物，可通过观察记录其受害症状特征来评价空气污染状况；但这种方法局限性较大，而盆栽或地栽指示植物的方法比较灵活，利于保证其敏感性。该方法是先将指示植物在没有污染的环境中盆栽或地栽培植，待生长到适宜大小时，移至监测点，观察它们的受害症状和程度。例如，用唐菖蒲监测空气中的氟化物，先在非污染区将其球茎栽培在直径 20cm、高 10cm 的花盆中，待长出 3 ~ 4 片叶后，移至污染区，放在污染源的主导风向下风向侧不同距离（如 5m、50m、300m、500m、1150m、1350m）处，定期观察受害情况。几天之后，如发现部分监测点上的唐菖蒲叶片尖端和边缘产生淡棕黄色片状伤斑，且伤斑部位与正常组织之间有一明显界线，说明这些监测点所在地已受到严重污染。根据预先试验获得的氟化物浓度与伤害程度的关系，即可估计出空气中氟化物的浓度。如果一周后，除最远的监测点外，都发现了唐菖蒲不同程度的受害症状，说明该地区的污染范围至少达 1150m。

研究发现，花叶莴苣较黄瓜对二氧化硫敏感，在同等二氧化硫浓度条件下，黄瓜出现初始受害症状的时间大约是花叶莴苣的 4 倍。吉林通化园艺研究所用花叶莴苣作为指示植物定点栽培指示二氧化硫，以此来预防黄瓜苗期受害。

也可以使用图 4-3 所示植物监测器测定空气污染状况。该监测器由 A、B 两室组成，A 室为测量室，B 室为对照室。将同样大小的指示植物分别放入两室，用气泵将污染空气以相同流量分别打入 A、B 室的导管，并在通往 B 室的管路中串接一活性炭净化器，以获得净化空气。经过一定时间后，即可根据 A 室内指示植物出现的受害症状和预先确定的与污染物浓度的相关关系估算空气中污染物的浓度。

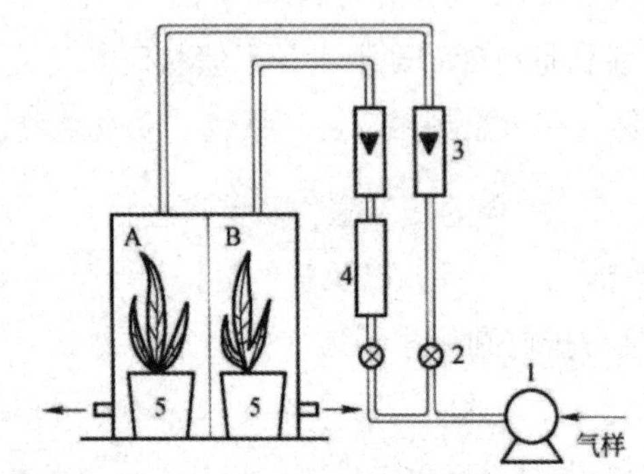

1. 气泵；2. 针形阀；3. 流量计；4. 活性炭净化器；5. 指示植物

图 4-3 植物监测器

2. 植物群落监测法

该方法是利用监测区域植物群落受到污染后，各种植物的反应来评价空气污染状况。进行该工作前，需要通过调查和试验，确定群落中不同种植物对污染物的抗性等级，将其分为敏感、抗性中等和抗性强三类。如果敏感植物叶部出现受害症状，表明空气已受到轻度污染；如果抗性中等植物出现部分受害症状，表明空气已受到中度污染；当抗性中等植物出现明显受害症状，有些抗性强的植物也出现部分受害症状时，则表明空气已受到严重污染。同时，根据植物呈现受害症状的特征、程度和受害面积比例等判断主要污染物和污染程度。

对 SO_2 污染抗性强的一些植物如枸树、马齿苋等也受到伤害，说明该厂附近的空气已受到严重污染。

地衣和苔藓是低等植物，分布广泛，其中某些种群对污染物如 SO_2、HF 等反应敏感。

通过调查树干上的地衣和苔藓的种类、数量和生长发育状况后，就可以估计空气污染程度。在工业城市中，通常距污染中心越近，地衣的种类越少，重污染区内一般仅有少数壳状地衣分布，随着污染程度的减轻，出现枝状地衣；在轻污染区，叶状地衣数量最多。

3. 其他监测法

剖析树木的年轮，可以了解所在地区空气污染的历史。在气候正常、未遭受污染的年份树木的年轮宽，而空气污染严重或气候条件恶劣的年份树木的年轮窄。还可以用 X 射线法对年轮材质进行测定，判断其污染情况，污染严重的年份年轮木质比例小，正常年份的年轮木质比例大，它们对 X 射线的吸收程度不同。

空气污染可以导致指示植物一些生理生化指标的变化，如光合作用、叶绿素、体内酶的活性、细胞染色体等指标的变化，故通过测定这些指标可评估空气污染状况。

通过测定植物体内吸收积累的一些污染物含量，也可以评价空气污染物的种类和污染水平。

二、利用动物监测

利用动物监测空气污染虽然受到客观条件的限制而应用不多，但也有不少学者进行了相关研究。例如，人们很早就用金丝雀、金翅雀、老鼠、鸡等动物的异常反应（不安、死亡）来探测矿井内的瓦斯毒气。美国多诺拉事件调查表明，金丝雀对 SO_2 最敏感，其次是狗，再次是家禽；日本学者利用鸟类与昆虫的分布来反映空气质量的变化；保加利亚一些矿区用蜜蜂监测空气中金属污染物的浓度等。

在一个区域内，利用动物种群数量的变化，特别是对污染物敏感动物种群数量的变化，也可以监测该区域空气污染状况。如一些大型哺乳动物、鸟类、昆虫等的迁移，以及不易直接接触污染物的潜叶性昆虫、虫瘿昆虫、体表有蜡质的蚧类等数量的增加，说明该地区空气污染严重。

三、利用微生物监测

空气不是微生物生长繁殖的天然环境，故没有固定的微生物种群，它主要通过土壤尘埃、水滴、人和动物体表的干燥脱落物、呼吸道的排泄物等方式带入空气中。空气中微生物区系组成及数量变化与空气污染有密切关系，可用于监测空气质量。例如，有学者对沈阳市空气中微生物区系分布与环境质量关系研究表明，空气中微生物的数量随着人群和车辆流动的增加而增多，繁华的中街微生物数量最多，其次是交通路口、居民小区，郊区东陵公园和农村空气中微生物数量最少。

室内空气中的致病微生物是危害人体健康的主要因素之一，特别是在温度高、灰尘多、通风不良、日光不足的情况下，生存时间较长，致病的可能性也较大，一般在室内空气卫生标准中都规定微生物最高限值指标。

因为直接测定病原微生物有一定困难，故一般推荐细菌总数和链球菌总数作为室内空气细菌学的评价指标。

第三节　土壤污染生物监测

土壤中常见的污染物有重金属（镉、铜、锌、铅）、石油类、农药和病原微生物等。土壤受到污染后，生活在其中的生物的活力、代谢特点、行为方式、种类组成、数量分布、体内污染物及其代谢产物的含量等均会受到影响。因此，根据土壤中生物的这些特征变化可以监测土壤的污染程度。

一、土壤污染的植物监测

土壤受到污染后，植物对污染物产生的反应主要表现为：叶片上出现伤斑；生理代谢异常，如蒸腾速率降低、呼吸作用加强、生长发育受阻；植物化学成分改变等。植物的根、茎、叶均可出现受害症状，如铜、镍、钴会抑制新根伸长，从而形成像狮子尾巴一样的形状；无机农药常使作物叶柄或叶片出现烧伤的斑点或条纹，使幼嫩组织出现褐色焦斑或破坏；有机农药严重伤害时，叶片相继变黄或脱落，开花少，延期结出果实，果实变小或籽粒不饱满等。因此，通过对指示植物的观测可确定土壤污染类型及程度。

土壤监测的指示植物有：小大蕨等可指示铜污染；黄花草、酸模、长叶车前，以及多种紫云英、紫堇、遏蓝菜等可指示锌污染；蜈蚣草等可指示砷污染；酸性土壤质量指示植物，如芒萁骨、映日红、铺地蜈蚣等可指示酸性土壤；柏木等可指示石灰性土壤；碱蓬、剪刀股等可指示碱性土壤。

二、土壤污染的动物监测

土壤中的原生动物、线形动物、软体动物、环节动物、节肢动物等是土壤生态系统的有机组成部分，具有数量大、种类多、移动范围小和对环境污染或变化反应敏感等特点。研究表明，在重金属污染的土壤中，动物种类、数量随环境污染程度的增加而逐渐减少，并且与重金属的浓度具有显著的负相关关系，因而，通过对污染区土壤动物群落结构、生态分布和污染指示动物的系统研究，可监测土壤污染的程度，为土壤质量评价提供重要依据。蚯蚓、原生动物、土壤线虫、土壤甲螨等均可作为指示动物监测土壤污染。

蚯蚓是土壤中生物量最大的动物类群之一，在维持土壤生态系统功能中起着不可替代的作用。在污染土壤中，一些敏感的蚯蚓种群消失，而能够耐受污染物的种群保留下来，导致蚯蚓在种群密度和群落结构上发生明显的变化。研究表明，蚯蚓体内镉的浓度与土壤中镉的浓度具有显著的相关性，对农药、铅等污染物也有较高的敏感性，因此，蚯蚓通常被视为土壤动物区系的代表类群而被用于指示、监测土壤污染。监测方法如下：①通过调查污染区土壤中蚯蚓种群的数量和群落结构反映土壤污染情况，根据调查结果获得总丰度、种类丰度、多样性指数等参数，根据这些参数评价土壤的污染程度；②通过毒性和繁殖试验研究污染物对某单一种类的蚯蚓造成的伤害，对污染物进行生态毒理风险评价；③利用蚯蚓的分子生物学、生物化学特征和生理反应（生物标志物）监测土壤污染。

土壤原生动物生活在土表凋落物和土壤中，环境的变化会导致原生动物群落组成和结构迅速变化。例如，在铅锌矿采矿废物污染土壤中，原生动物群落物种多样性显著下降，导致群落中大量不耐污种类消失。因此，土壤原生动物可作为土壤污染的指示动物。

线虫是土壤中最为丰富的无脊椎动物，在土壤生态系统腐屑食物网中占有重要地位。它具有形态的特殊性，食物的专一性，分离鉴定相对简单，以及对环境的各种变化，包括污染的胁迫效应能作出比较迅速的反应等特点，因此可将线虫作为土壤污染效应研究的生物指标。某些线虫体内的热激蛋白对污染胁迫具有表达能力，因此可将线虫的热激蛋白作为生物标志物进行土壤污染的生态毒理评价。

甲螨是蜱螨类中的优势类群，在土壤中数量多、密度大、极易采得。甲螨口器发达，食量大，通过摄食和移动，可广泛接触土壤中的有害物质。当土壤环境发生变化时，它们的种类和数量会发生变化，可以利用甲螨类监测土壤污染。如当大翼甲螨显著增多、单翼甲螨显著减少时，常表明土壤中有汞、镉的污染；在小奥甲螨和单翼甲螨均增多时，表明土壤中有铜的污染；而若大翼甲螨和小奥甲螨同时增多、单翼甲螨却又显著减少时，表明土壤中有有机氯的污染。

三、土壤污染的微生物监测

土壤是自然界中微生物生活最适宜的环境，它具有微生物所需要的一切营养物质，以及微生物进行繁殖、维持生命活动所必需的各种条件。目前已发现的微生物都可以从土壤中分离出来，因此土壤被称为“微生物的大本营”。

土壤受到污染后，其中的微生物群落结构及其功能就会发生改变。通过测定污染物进入土壤前后的微生物种类、数量、生长状况，以及生理生化变化等特征，就可以监测土壤受污染的程度。

1. 土壤中的大肠菌群

粪便中的大肠菌群进入土壤中，随时间的推移会逐渐消亡，其存活时间由数日到数月。因此，根据土壤中大肠菌群的细菌数量评价土壤受病原微生物污染的程度。一般大肠菌群超过 1.0CFU/g 可认为土壤受到污染。

2. 土壤中的真菌和放线菌

对于难降解的天然有机物，如纤维素、木质素、果胶质，真菌和放线菌具有较强的利用能力，另外真菌适合在酸性条件下生存。因此，可以根据土壤中真菌和放线菌的数量变化，判断土壤有机物的组成和酸碱度的变化。

3. 土壤中的腐生菌

有机物进入土壤后，其中的腐生菌繁殖加快、数量增加，故可以利用土壤中腐生菌的数量来评价土壤有机污染的状况。土壤中的有机物由于微生物的分解、氧化作用而减少，土壤得到净化，在此过程中微生物群落发生有规律的演替。首先非芽孢菌占优势，继而芽孢菌繁殖加快。在净化过程中，非芽孢菌和芽孢菌的比例逐渐增大到最大值，继而逐渐下降，直至恢复到污染前的水平。因此，土壤中非芽孢菌和芽孢菌的比例变化可以表征土壤有无污染及其净化的过程。

4. 土壤中的嗜热菌

人类粪便中大肠菌群的细菌数量很多，而嗜热菌很少；但是牲畜粪便中两者都很多，牲畜粪便中大肠菌群为 0.1×10^4CFU/g，嗜热菌为 4.5×10^6CFU/g。因此，嗜热菌可以作为表征土壤牲畜粪便污染的指标。若嗜热菌超过 10^3~10^5CFU/g，则土壤被视为牲畜粪便污染，超过 10^5CFU/g 可确定为重污染。

第四节　生物污染监测

当空气、水体、土壤受到污染后，生活在这些环境中的生物在摄取营养物质和水分的同时也摄入了污染物质，并在体内迁移、积累、转化和产生毒害作用。生物污染监测就是应用各种检测手段测定生物体内的有害物质，及时掌握被污染的程度，以便采取措施，改善生物生存环境，保证生物食品的安全。

在我国的环境监测技术路线中规定：空气环境生物监测主要是对二氧化硫开展植物监测，监测指标为叶片中硫含量。测试植物选择当地分布较广、对二氧化硫具有较强吸附与积累能力的植物。

一、生物对污染物的吸收及在体内分布

污染物进入生物体内的途径主要有表面黏附（附着）、生物吸收和生物积累三种形式，由于生物体各部位的结构与代谢活性不同，进入生物体内的污染物分布也不均匀，因此，掌握污染物质进入生物体的途径和迁移以及在各部位的分布规律，对正确采集样品、选择测定方法和获得正确的测定结果是十分重要的。

（一）植物对污染物的吸收及在体内分布

空气中的气态和颗粒态的污染物主要通过黏附、叶片气孔或茎部皮孔侵入方式进入植物体内。例如，植物表面对空气中农药、粉尘的黏附，其黏附量与植物的表面积大小、表面性质及污染物的性质、状态有关。表面积大、表面粗糙、有绒毛的植物比表面积小、表面光滑的植物黏附量大；黏度大的乳剂比黏度小的粉剂黏附量大。脂溶性或内吸传导性农药，可渗入作物表面的蜡质层或组织内部，进而被吸收、输导分布到植株汁液中。这些农药在外界条件和体内酶的作用下逐渐降解、消失，但稳定的农药直到作物收获时往往还有一定的残留量。试验结果表明，作物体内残留农药量的减少量通常与施药后的间隔时间成指数函数关系。

气态污染物如氟化物，主要通过植物叶面上的气孔进入叶肉组织，首先溶解在细胞壁的水分中，一部分被叶肉细胞吸收，大部分则沿纤维管束组织运输，在叶尖和叶缘中积累，使叶尖和叶缘组织坏死。

土壤或水体中的污染物主要通过植物的根系吸收进入植物体内，其吸收量与污染物的含量、土壤类型及植物品种等因素有关。若污染物含量高，植物吸收的就多；在沙质土壤中的吸收率比在其他土质中的吸收率要高；块根类作物比茎叶类作物吸收率高；水生作物的吸收率比陆生作物高。

污染物进入植物体后，在各部位分布和积累情况与吸收污染物的途径、植物品种、污染物的性质及其作用时间等因素有关。

从土壤和水体中吸收污染物的植物一般分布规律和残留量的顺序是：根＞茎＞叶＞穗＞壳＞种子。也有不符合上述规律的情况，如萝卜的含 Cd 量是地上部分（叶）＞直根；莴苣是根＞叶＞茎。

从空气中吸收污染物的植物，一般叶部残留量最大。

植物体内污染物的残留情况也与污染区的性质及残留部位有关。渗透能力强的农药残留于果肉；渗透能力弱的农药多残留于果皮。敌菌丹、异狄氏剂、杀螟松等渗透能力弱，95%以上残留在果皮部位，而西维因渗透能力强，78%残留于苹果果肉中。

（二）动物对污染物的吸收及在体内分布

环境中的污染物一般通过呼吸道、消化管、皮肤等途径进入动物体内。

空气中的气态污染物、粉尘从口鼻进入气管，有的可到达肺部，其中，水溶性较大的气态污染物在呼吸道黏膜上被溶解，极少进入肺泡；水溶性较小的气态污染物绝大部分可到达肺泡。直径小于 5μm 的尘粒可到达肺泡，而直径大于 10μm 的尘粒大部分被黏附在呼吸道和气管的黏膜上。

水和土壤中的污染物主要通过饮用水和食物摄入，经消化管被吸收。由呼吸道吸入并沉积在呼吸道表面的有害物质，也可以从咽部进入消化管，再被吸收进入体内。

皮肤是保护肌体的有效屏障，但具有脂溶性的物质，如四乙基铅、有机汞化合物、有机锡化合物等可以通过皮肤吸收后进入动物肌体。

动物吸收污染物后，主要通过血液和淋巴系统传输到全身，产生危害。按照污染物性质和进入动物组织类型的不同，大致有以下五种分布规律：

（1）能溶解于体液的物质，如钠、钾、锂、氟、氯、溴等离子，在体内分布比较均匀。

（2）镧、锑、钍等三价和四价阳离子，水解后生成胶体，主要积累于肝或其他网状内皮系统。

（3）与骨骼亲和性较强的物质，如铅、钙、钡、锶、镭、铍等二价阳离子，在骨骼中含量较高。

（4）对某一种器官具有特殊亲和性的物质，则在该种器官中积累较多。如碘对甲状腺，汞、铀对肾有特殊的亲和性。

（5）脂溶性物质，如有机氯化合物（六六六、滴滴涕等），易积累于动物体内的脂肪中。

上述五种分布类型之间彼此交叉，比较复杂。一种污染物对某一种器官有特殊亲和作用，但同时也分布于其他器官。例如，铅离子除分布在骨骼中外，也分布于肝、肾中。同一种元素，由于价态和存在形态不同，在体内积累的部位也有差异。水溶性汞离子很少进入脑组织，但烷基汞不易分解，呈脂溶性，可通过脑屏障进入脑组织。

有机污染物进入动物体后，除很少一部分水溶性强、相对分子质量小的污染物可以原形排出外，绝大部分都要经过某种酶的代谢（或转化），增强其水溶性而易于排泄。通过生物转化，多数污染物被转化为惰性物质或消除其毒性，但也有转化为毒性更强的代谢产物。例如，1605（农药）在体内被氧化成 1600，其毒性增大。

无机污染物包括金属和非金属污染物，进入动物体后，一部分参与生化代谢过程转化为化学形态和结构不同的化合物，如金属的甲基化和脱甲基化反应、络合反应等；也有一部分直接积累于细胞各部分。

各种污染物经转化后，有的排出体外，也有少量随汗液、乳汁、唾液等分泌液排出，还有的在皮肤的新陈代谢过程中到达毛发而离开肌体。

二、生物样品的采集和制备

（一）植物样品的采集和制备

1. 植物样品的采集

（1）对样品的要求：采集的植物样品要具有代表性、典型性和适时性。代表性系指采集代表一定范围污染情况的植物，这就要求对污染源的分布、污染类型、植物特征、地形地貌、灌溉出入口等因素进行综合考虑，选择合适的地段作为采样区，再在采样区内划分若干采样小区，采用适宜的方法布点，确定代表性的植物。不要采集田埂、地边及距田埂、地边 2m 以内的植物。典型性系指所采集的植物部位要能充分反映通过监测所要了解的情况。根据要求分别采集植物的不同部位，如根、茎、叶、果实，注意不能将各部位样品随意混合。适时性系指在植物不同生长发育阶段，施药、施肥前后，适时采样监测，以掌握不同时期的污染状况和对植物生长的影响。

（2）布点方法：根据现场调查和收集的资料，先选择采样区，在划分的采样小区内，常采用梅花形布点法或交叉间隔布点法确定代表性的植物。

（3）采样方法：在每个采样小区内的采样点上分别采集 5 ~ 10 处植物的根、茎、叶、果实等，将同部位样混合，组成一个混合样；也可以整株采集后带回实验室再按部位分开处理。采集样品量要能满足需要，一般经制备后至少有 20 ~ 50g(干物质）样品。新鲜样品可按 80% ~ 90%的含水量计算所需样品量。若采集根系部位样品，应尽量保持根部的完整。对一般旱作物，在抖掉附在根上的泥土时，注意不要损失根毛；如采集水稻根系，在抖掉附着泥土后，应立即用清水洗净。根系样品带回实验室后，及时用清水洗（不能浸泡），再用纱布拭干。如果采集果树样品，要注意树龄、株型、生长势、载果数量和果实着生的部位及方向。如要进行新鲜样品分析，则在采集后用清洁、潮湿的纱布包住或装入塑料袋中，以免水分蒸发而萎缩。对水生植物，如浮萍、藻类等应采集全株。从污染严重的河、塘中捞取的样品，需用清水洗净，挑去水草等杂物。采集后的样品装入布袋或聚乙烯塑料袋，贴好标签，注明编号、采样地点、植物名称、分析项目，并填写采样登记表。

（4）样品的保存：样品带回实验室后，如测定新鲜样品，应立即处理和分析。对于当天不能分析完的样品，暂时放于冰箱中保存，其保存时间的长短，视污染物的性质及在生物体内的转化特点和分析测定要求而定。如果测定干样，则将鲜样放在干燥通风处晾干，或于鼓风干燥箱中烘干。

2. 植物样品的制备

（1）鲜样的制备：测定植物内易挥发、转化或降解的污染物（如酚、氰、亚硝酸盐等）、营养成分（如维生素、氨基酸、糖、植物碱等），以及多汁的瓜、果、蔬菜样品时，应使用新鲜样品。鲜样的制备方法是：①将样品用清水、去离子水洗净，晾干或拭干；②将晾干的鲜样切碎、混匀，称取 100g 于电动高速组织捣碎机的捣碎杯中，加适量蒸馏水或去离子水，开动捣碎机捣碎 1 ~ 2min，制成匀浆，对含水量大的样品，如熟透的番茄等，捣碎时可以不加水；③对于含纤维素较多或较硬的样品，如禾本科植物的根、茎秆、叶等，可用不锈钢刀或剪刀切（剪）成小片或小块，混匀后在研钵中加石英砂研磨。

（2）干样的制备：分析植物中稳定的污染物，如某些金属元素和非金属元素、有机农药等，一般用风干样品，其制备方法是：①将洗净的植物鲜样尽快放在干燥通风处风干（茎秆样品可以劈开），如果遇到阴雨天或潮湿气候，可放在 40 ~ 60℃鼓风干燥箱中烘干，以免发霉腐烂，并减少化学和生物化学变化；②将风干或烘干的样品去除灰尘、杂物，用剪刀剪碎（或先剪碎再烘干），再用磨碎机磨碎，谷类作物的种子样品如稻谷等，应先脱壳再粉碎；③将粉碎后的样品过筛，一般要求通过 1mm 孔径筛即可，有的分析项目要求通过 0.25mm 孔径筛，制备好的样品贮存于磨口玻璃广口瓶或聚乙烯广口瓶中备用；④对于测定某些金属含量的样品，应注意避免受金属器械和筛子等污染，因此，最好用玛瑙研钵磨碎，尼龙筛过筛，聚乙烯瓶保存。

3. 分析结果表示方法

植物样品中污染物的分析结果常以干物质质量为基础表示｛mg/(kg(干物质))｝，以便比较各样品中某一成分含量的高低。因此，还需要测定样品的含水量，对分析结果进行换算。含水量常用重量法测定，即称取一定量鲜样或干样，于 100℃ ~ 105℃烘干至恒重，由其质量减少量计算含水量。对含水量高的蔬菜、水果等，以鲜样质量表示计算结果为好。

（二）动物样品的采集和制备

动物的尿液、血液、唾液、胃液、乳液、粪便、毛发、指甲、骨骼和组织等均可作为检验样品。

1. 尿液

动物体内绝大部分毒物及其代谢产物主要由肾经膀胱、尿道随尿液排出。由于尿液收集方便，因此尿检在医学临床检验中应用广泛。尿液中的排泄物一般早晨浓度较高，可一次收集，也可以收集 8h 或 24h 的尿样，测定结果为收集时间内尿液中污染物的平均含量。

2. 血液

血液中有害物的浓度可反映近期接触污染物质的水平，并与其吸收量成正相关。传统的从静脉取血样的方法，操作较繁琐，取样量大。但随着分析技术的发展，减少了血样用量，用耳血、指血代替静脉血，给实际工作带来了方便。

3. 毛发和指甲

积累在毛发和指甲中的污染物（如砷、锰、有机汞等）残留时间较长，即使已脱离与污染物接触或停止摄入污染食物，血液和尿液中污染物含量已下降，而毛发和指甲中仍容易检出。毛发中的汞、砷等含量较高，样品容易采集和保存，故在医学和环境分析中应用较广泛。采样后，用中性洗涤剂洗涤，去离子水冲洗，最后用乙醚或丙酮洗净，室温下充分晾干后保存和备用。

4. 组织和脏器

采用动物的组织和脏器作为检验样品，对调查研究环境污染物在机体内的分布、积累、毒性和环境毒理学等方面的研究都有重要意义。但是，组织和脏器的部位复杂，且柔软、易破裂混合，因此取样操作要小心。

以肝为检验样品时，应剥去被膜，取右叶的前上方表面下几厘米处纤维组织丰富的部位作为样品。检验肾时，剥去被膜，分别取皮质和髓质部分作为样品，避免在皮质与髓质结合处采样。

检验个体较大的动物受污染情况时，可在躯干的各部位切取肌肉片制成混合样。

采集组织和脏器样品后，应放在组织捣碎机中捣碎、混匀，制成浆状鲜样备用。

5. 水产食品

水产品如鱼、虾、贝类等是人们常吃的食物，其中的污染物可通过食物链进入人体，对人体产生不良影响。

样品从监测区域内水产品产地或最初集中地采集。一般采集产量高、分布范围广的水产品，所采品种尽可能齐全，以较客观地反映水产食品被污染的水平。

从对人体的直接影响考虑，一般只取水产品的可食部分进行检测。对于鱼类，先按种类和大小分类，取其代表性的数量（如大鱼 3 ～ 5 条，小鱼 10 ～ 30 条），洗净后滤去水分，去除鱼鳞、鳍、内脏、皮、骨等，分别取每条鱼的厚肉制成混合样，切碎、混匀，或用组织捣碎机捣碎成糊状，立即分析或贮存于样品瓶中，置于冰箱内备用。对于虾类，将原样品用水洗净，剥去虾头、甲壳、肠腺，分别取虾肉捣碎制成混合样。对于毛虾，先拣出原样中的杂草、沙石、小鱼等异物，晾至表面水分刚尽，取整虾捣碎制成混合样。对于贝类或甲壳类，先用水冲洗去除泥沙，滤干，再剥去外壳，取可食部分制成混合样，并捣碎、混匀，制成浆状鲜样备用。对于海藻类，如将海带，选取数条洗净，沿中央筋剪开，各取其半，剪碎混匀制成混合样，按四分法缩分至 100 ～ 200g 备用。

三、生物样品的预处理

由于生物样品中含有大量有机物（母质），且所含有害物质一般都在痕量或超痕量级范围，因此测定前必须对样品进行预处理，对预测组分进行富集和分离，或对干扰组分进行掩蔽等，常用方法与一般样品预处理的方法相似，包括样品的分解和各种分离富集方法。

（一）消解和灰化

测定生物样品中的金属和非金属元素时，通常都要将其大量的有机物基体分解，使预测组分转变成简单的无机化合物或单质，然后进行测定。分解有机物的方法有湿式消解法和干灰化法。

1. 湿式消解法

生物样品中含大量有机物，测定无机物或无机元素时，需用硝酸 – 高氯酸或硝酸 – 硫酸等试剂体系消解。对于脂肪和纤维素含量高的样品，如肉、面粉、稻米、秸秆等，在加热消解时易产生大量泡沫，容易造成被测组分损失，可采用先加浓硝酸，在常温下放置 24h 后再消解的方法，也可以用加入适宜防起泡剂的方法减少泡沫的产生，如用硝酸 – 硫酸消解生物样品时加入辛醇，用盐酸 - 高锰酸钾消解生物体液时加入硅油等。

硝酸 – 高氯酸消解生物样品是破坏有机物比较有效的方法，但要严格按照操作程序，防止发生爆炸。

硝酸 – 硫酸消解法能分解各种有机物，但对吡啶及其衍生物（如烟碱）、毒杀芬等分解不完全。样品中的卤素在消解过程中完全损失，汞、砷、硒等有一定程度的损失。

硝酸－过氧化氢消解法应用也比较普遍，有人用该方法消解生物样品测定氮、磷、钾、硼、砷、氟等元素。

高锰酸钾是一种强氧化剂，在中性、碱性和酸性条件下都可以分解有机物。测定生物样品中的汞时，用浓硫酸和浓硝酸混合液加高锰酸钾，于60℃保温分解鱼、肉样品；用含50g/L高锰酸钾的浓硝酸溶液于85℃回流消解食品和尿液；用浓硫酸加过量高锰酸钾分解尿液等，都可获得满意的效果。

测定动物组织、饲料中的汞，使用加五氧化二钒的浓硝酸和浓硫酸混合液催化氧化，其温度可达190℃，能破坏甲基汞，使汞全部转化为无机汞。

测定生物样品中的氮沿用凯氏消解法，即在样品中加浓硫酸消解，使有机氮转化为铵盐。为提高消解温度，加快消解过程，可在消解液中加入硫酸铜、硒粉或硫酸汞等催化剂。加硫酸钾对提高消解温度也可起到较好的效果。以$-NH_2$及$=NH$形态存在的有机氮化合物，用浓硫酸、浓硝酸加催化剂消解的效果是好的，但杂环、氮氮键及硝酸盐氮和亚硝酸盐氮不能定量转化为铵盐，可加入还原剂如葡萄糖、苯甲酸、水杨酸、硫代硫酸钠等，使消解过程中发生一系列复杂氧化还原反应，则能将硝酸盐氮还原为氨。

用过硫酸盐（强氧化剂）和银盐（催化剂）分解尿液等样品中的有机物可获得较好的效果。

采用增压溶样法分解有机物样品和难分解的无机物样品具有溶剂用量少、溶样效率高、可减少沾污等优点。该方法将生物样品放入外包不锈钢外壳的聚四氟乙烯坩埚内，加入混合酸或氢氟酸，密闭加热，于140℃～160℃保温2～6h，即可将有机物分解，获得清亮的样品溶液。

2. 干灰化法

干灰化法分解生物样品不使用或少使用化学试剂，并可处理较大量的样品，故有利于提高测定微量元素的准确度。但是，因为灰化温度一般为450℃～550℃，不宜处理测定易挥发组分的样品。此外，灰化所用时间也较长。

根据样品种类和待测组分的性质不同，选用不同材料的坩埚和不同灰化温度。常用的有石英、铂、银、镍、铁、瓷、聚四氟乙烯等材质的坩埚。为促进分解或抑制某些元素挥发损失，常加入适量辅助灰化剂，如加入硝酸和硝酸盐，可加速样品氧化，疏松灰分，利于空气流通；加入硫酸和硫酸盐，可减少氯化物的挥发损失；加入碱金属或碱土金属的氧化物、氢氧化物或碳酸盐、乙酸盐，可防止氟、氯、砷等的挥发损失；加入镁盐，可防止某些待测组分和坩埚材料发生化学反应，抑制磷酸盐形成玻璃状熔融物包裹未灰化的样品颗粒等。但是，用碳酸盐作辅助灰化剂时，会造成汞和铊的全部损失，硒、砷和碘有相当程度的损失，氟化物、氯化物、溴化物有少量损失。

样品灰化完全后，经稀硝酸或盐酸溶解供分析测定。如酸溶液不能将其完全溶解，则需要将残渣加稀盐酸煮沸，过滤，然后再将残渣用碱熔法灰化。也可以将残渣用氢氟酸处理，蒸干后用稀硝酸或盐酸溶解供测定。

测定生物样品中的砷、汞、硒、氟、硫等挥发性元素，采用低温灰化技术，如高频感应激发氧灰化法和氧瓶燃烧法。

（二）提取、分离和浓缩

测定生物样品中的农药、石油烃、酚等有机污染物时，需要用溶剂将预测组分从样品中提取出来，提取效率的高低直接影响测定结果的准准度。如果存在杂质干扰和待测组分浓度低于分析方法的最低检出浓度问题，还要进行分离和浓缩。

随着近代分析技术的发展，对环境样品中的污染物已从单独分析到多种污染物连续分析。因此，在进行污染物的提取、分离和浓缩时，应考虑到多种污染物连续分析的需要。

1. 提取方法

提取生物样品中有机污染物的方法，应根据样品的特点，待测组分的性质、存在形态和数量，以及分析方法等因素选择。常用的提取方法有振荡浸取法、组织捣碎提取法和脂肪提取器提取法。

（1）振荡浸取法。蔬菜、水果、粮食等样品都可使用这种方法。将切碎的生物样品置于容器中，加入适当的溶剂，放在振荡器上振荡浸取一定时间，滤出溶剂后，用新溶剂洗涤样品滤渣或再浸取一次，合并浸取液，供分析或进行分离、富集用。

（2）组织捣碎提取法。取定量切碎的生物样品，放入组织捣碎机的捣碎杯中，加入适当的提取剂，快速捣碎 3 ~ 5min 后过滤，滤渣重复提取一次，合并滤液备用。该方法提取效果较好，应用较多，特别是从动、植物组织中提取有机污染物比较方便。

（3）脂肪提取器提取法。索格斯列特（Soxhlet）式脂肪提取器简称索氏提取器或脂肪提取器，常用于提取生物、土壤样品中的农药、石油类、苯并 [a] 芘等有机污染物。其提取方法是：将制备好的生物样品放入滤纸筒中或用滤纸包紧，置于提取筒内；在蒸馏烧瓶中加入适当的溶剂，连接好回流装置，并在水浴上加热，则溶剂蒸气经侧管进入冷凝器，凝集的溶剂滴入提取筒，对样品进行浸泡提取。当提取筒内溶剂液面超过虹吸管的顶部时，就自动流回蒸馏烧瓶内，如此反复进行。因为样品总是与纯溶剂接触，所以提取效率高，且溶剂用量小，提取液中被提取物的浓度大，有利于下一步分析测定。但该方法费时，常用作研究其他提取方法的对比方法。

（4）直接球磨提取法。该方法用正己烷作提取剂，直接将样品在球磨机中粉碎和提取，可用于提取小麦、大麦、燕麦等粮食中的有机氯和有机磷农药。由于不用极性溶剂提取，可以避免后续费时的洗涤和液 – 液萃取操作，是一种快速提取方法，加标回收率和重现性都比较好。提取用的仪器是一个 50mL 的不锈钢管，钢管内放两个小钢球，放入 1 ~ 5g 样品，加 2 ~ 8g 无水硫酸钠，20mL 正己烷，将钢管盖紧，放在 350r/min 的摇转机上，粉碎提取 30min 即可。

提取剂应根据预测有机污染物的性质和存在形式，利用“相似相溶”原理来选择，其沸点在45℃~80℃为宜。因为生物样品中有机污染物含量一般都很低，故要求提取剂的纯度高。此外，还应考虑提取剂的毒性、价格、是否有利于下一步分离或测定等因素。常用的提取剂有正己烷、石油醚、乙腈、丙酮、苯、二氯甲烷、三氯甲烷、二甲基甲酰胺等。为提高提取效果，常选用混合提取剂。

2. 分离方法

用有机溶剂提取预测组分的同时，往往也将能溶于提取剂的其他组分提取出来。例如，用石油醚等提取有机氯农药时，也将脂肪、蜡质、色素等提取出来，对测定产生干扰，因此，必须将其分离出去。常用的分离方法有液—液萃取法、蒸馏法、层析法、磺化法、皂化法、气提法、顶空法、低温冷凝法等。

（1）液－液萃取法：液－液萃取法是依据有机物组分在不同溶剂中分配系数的差异来实现分离的。例如，农药与脂肪、蜡质、色素等一起被提取后，加入一种极性溶剂（如乙腈）振摇，由于农药的极性比脂肪、蜡质、色素大，故可被萃取分离。

（2）蒸馏法：该方法具有高效、省时和省溶剂等优点，适用于测定蔬菜、水果等生物样品中有机氯（磷）农药残留量。

（3）层析法：层析法分为柱层析法、薄层层析法、纸层析法等。其中，柱层析法在处理生物样品中应用较多，其原理是将生物样品的提取液通过装有吸附剂的层析柱，则提取物被吸附在吸附剂上，但由于不同物质与吸附剂之间的吸附力大小不同，当用适当的溶剂淋洗时，则按一定的顺序被淋洗出来，吸附力小的组分先流出，吸附力大的组分后流出，使它们彼此得以分离。常用的吸附剂有硅酸镁、活性炭、氧化铝、硅藻土、纤维素、高分子微球、网状树脂等。活化的硅酸镁层析柱常用于分离农药。

（4）磺化法和皂化法：磺化法的原理是利用提取液中的脂肪、蜡质等干扰物质能与浓硫酸发生磺化反应的性质，生成极性很强的磺酸基化合物，并进入硫酸层。分离硫酸层后，洗去残留在提取液中的硫酸，再经脱水，得到纯化的提取液。该方法常用于有机氯农药的净化，对于易被酸分解或与之发生反应的有机磷、氨基甲酸酯类农药则不适用。

皂化法是利用油脂等能与强碱发生皂化反应，生成脂肪酸盐而将其分离的方法。例如，用石油醚提取粮食中的石油烃，同时也将油脂提取出来，如在提取液中加入氢氧化钾－乙醇溶液，油脂与之反应生成脂肪酸钾进入水相，而石油烃仍留在石油醚中。

（5）气提法和顶空法：这两种方法也常用于分离生物样品提取液中的预测组分或干扰组分。

（6）低温冷凝法：该方法基于不同物质在同一溶剂中的溶解度随温度不同而不同的原理进行分离。例如，将用丙酮提取生物样品中农药的提取液置于−70℃的干冰－丙酮冷阱中，会由于脂肪和蜡质的溶解度大大降低而沉淀析出，农药仍留在丙酮中。经过滤除去沉淀，获得经净化的提取液。这种方法的最大优点是有机化合物在净化过程中不发生变化，并且有良好的分离效果。

3. 浓缩方法

生物样品的提取液经过分离净化后，预测污染物浓度可能仍达不到分析方法的要求，这就需要进行浓缩。常用的浓缩方法有蒸馏或减压蒸馏法、K–D 浓缩器法、蒸发法等。其中，K–D 浓缩器法是浓缩有机污染物的常用方法。早期的 K–D 浓缩器在常压下工作，后来加上了毛细管，可进行减小浓度，进而提高了浓缩速率。生物样品中的农药、苯并芘等极毒、致癌性有机污染物含量都很低，其提取液经净化分离后都可以用这种方法浓缩。为防止待测物损失或分解，加热 K–D 浓缩器的水浴温度一般控制在 50℃以下，最高不超过 80℃。特别要注意不能把提取液蒸干。若需进一步浓缩，需用微温蒸发，如用改进的微型 Snyder 柱再浓缩，可将提取液浓缩至 0.1 ～ 0.2mL。

四、污染物的测定

生物样品中的主要污染物有汞、镉、铅、铜、铬、砷、氟等无机化合物和农药（六六六、滴滴涕、有机磷等）、多环芳烃（PAHs）、多氯联苯（PCBs）、激素等有机化合物，其测定方法主要有分光光度法、原子吸收光谱法、荧光光谱法、色谱法、质谱法和联用法等。这些方法的基本原理在前面有关章节中已做介绍，下面简要介绍几个测定实例。

（一）粮食作物中有害金属元素测定

粮食作物中铜、镉、铅、锌、铬、汞、砷的测定方法可概括为：首先从前面介绍的植物样品采集和制备方法中选择适宜的方法采集和制备样品，然后用湿式消解法或干灰化法制备样品溶液，再用原子吸收光谱法或分光光度法测定。

（二）水果、蔬菜和谷类中有机磷农药测定

方法测定要点：首先根据样品类型选择适宜的制备方法，对样品进行制备，如粮食样品用粉碎机粉碎、过筛，蔬菜用捣碎机制成浆状；而后，取适量制备好的样品加入水和丙酮提取农药，经减压抽滤，所得滤液用氯化钠饱和，并将丙酮相和水相分离，水相中的农药再用二氯甲烷萃取，分离所得二氯甲烷萃取液与丙酮提取液合并，用无水硫酸钠脱水后，于旋转蒸发仪中浓缩至约 2mL，移至 5 ～ 25mL 容量瓶中，用二氯甲烷定容供测定；最后，分别取混合标准溶液和样品提取液注入气相色谱仪，用火焰光度检测器（FPD）测定，根据样品溶液峰面积或峰高与混合标准溶液峰面积或峰高进行比较定量。

该方法适用于水果、蔬菜、谷类中敌敌畏、速灭磷、久效磷、甲拌磷、巴胺磷、二嗪磷、乙嘧硫磷、甲基嘧啶硫磷、甲基对硫磷、稻瘟净、水胺硫磷、氧化喹硫磷、稻丰散、甲喹硫磷、虫胺磷、乙硫磷、乐果、喹硫磷、对硫磷、杀螟硫磷的残留量测定。

（三）鱼组织中有机汞和无机汞测定

1. 巯基棉富集 – 冷原子吸收光谱法

该方法可以分别测定样品中的有机汞和无机汞，其测定要点如下：

称取适量制备好的鱼组织样品，加 1mol/L 盐酸提取出有机汞和无机汞化合物。将提取液的 pH 调至 3，用巯基棉富集两种形态的汞化合物，然后用 2mo/L 盐酸洗脱有机汞化合物，再用氯化钠饱和的 6mol/L 盐酸洗脱无机汞化合物，分别收集并用冷原子吸收光谱法测定。

2. 气相色谱法测定甲基汞

鱼组织中的有机汞化合物和无机汞化合物用 1mol/L 盐酸提取后，用巯基棉富集和盐酸溶液洗脱，再用苯萃取洗脱液中的甲基汞化合物，之后用无水硫酸钠除去有机相中的残留水分，最后，用气相色谱（ECD）法测定甲基汞的含量。

第五节　污染源连续自动监测系统

在企业固定污染源防治设施和城市污水处理厂，安装连续自动监测系统的目的有两个：一是跟踪监测处理后的废（污）水、废气是否达到排放标准；二是及时为优化处理过程的控制参数提供依据，保证废（污）水、废气处理设施始终处于正常运行状态。

一、水污染源连续自动监测系统

（一）水污染源连续自动监测系统的组成

水污染源连续自动监测系统由流量计、自动采样器、污染物及相关参数自动监测仪、数据采集及传输设备等组成，是水污染源防治设施的组成部分。这些仪器的主机安装在距离采样点不大于 50m、环境条件符合要求、具备必要的水电设施和辅助设备的专用房屋内。

数据采集、传输设备用于采集各自动监测仪测得的监测数据，经数据处理后，进行存储、记录和发送到远程监控中心，通过计算机进行集中控制，并与各级环境保护管理部门的计算机联网，实现远程监管，提高科学监管能力。

（二）废（污）水处理设施连续自动监测项目

对于不同类型的水污染源，各个国家都制定了相应的排放标准，规定了排放废（污）水中污染物的允许浓度。我国已颁布了 30 多种废（污）水排放标准，标准中要求控制的污染物项目有些是相同的，有些是行业特有的，要根据不同行业的具体情况，选择那些能综合反映污染程度，危害大，并且有成熟的连续自动监测仪的项目进行监测，对于没有成熟连续自动监测仪的项目，仍需要手工分析。目前，废（污）水主要连续自动监测的项目有：pH、氧化还原电位（ORP）、溶解氧（DO）、化学需氧量（COD）、紫外吸收值（UVA）、总有机碳（TOC）、总氮（TN）、总磷（TP）、浊度（Tur）、污泥浓度（MLSS）、污泥界面、流量（qv）、水温（t）、废（污）水排放总量及污染物排放总量等。其中，COD、UVA、TOC都是反映有机物污染的综合指标，当废（污）水中污染物组分稳定时，三者之间有较好的相关性。因为COD监测法消耗试剂量大，监测仪器比较复杂，易造成二次污染，故应尽可能使用不用试剂、仪器结构简单的UVA连续自动监测仪测定，再换算成COD。

企业排放废水的监测项目要根据其所含污染物的特征进行增减，如钢铁、冶金、纺织、煤炭等工业废水需增测汞、镉、铅、铬、砷等有害金属化合物，和硫化物、氟化物、氰化物等有害非金属化合物。

（三）监测方法和监测仪器

pH值、溶解氧、化学需氧量、总有机碳、UVA、总氮、总磷、浊度的监测方法和自动监测仪器与地表水连续自动监测系统相同，但是，废（污）水的监测环境较地表水恶劣，水样进入监测仪器前的预处理系统往往比地表水复杂。

污染物排放总量是根据监测仪器输出的浓度信号和流量计输出的流量信号，由监测系统中的负荷运算器进行累积计算得到，可输出TP、TN、COD的1h排放量、1h平均浓度、日排放量和日平均浓度。这些数据由显示器显示，然后由打印机打印和送到存储器储存，并利用数据处理和传输设备进行信号处理，输送到远程监控中心。

二、烟气连续排放监测系统（CEMS）

烟气连续排放监测系统（continuous emission monitoring system，CEMS）是指对固定污染源排放烟气中污染物浓度及其总量和相关排气参数进行连续自动监测的仪器设备。通过该系统跟踪测定获得的数据，一是用于评价排污企业排放烟气污染物浓度和排放总量是否符合排放标准，实施实时监管；二是用于对脱硫、脱硝等污染治理设施进行监控，使其处于稳定运行状态。《固定污染源烟气排放连续监测技术规范（试行）》（HJ/T 75—2007）和《固定污染源烟气排放连续监测系统技术要求及检测方法（试行）》（HJ/T 76—2007）中对CEMS的组成、技术性能要求、检测方法及安装、管理和质量保证等都做了明确规定。

（一）CEMS的组成及监测项目

CEMS由颗粒物（烟尘）CEMS、烟气参数测量、气态污染物CEMS和数据采集与处理四个子系统组成。

CEMS监测的主要污染物有二氧化硫、氮氧化物和颗粒物。根据燃烧设备所用燃料和燃烧工艺的不同，可能还需要监测一氧化碳、氯化氢等。监测的主要烟气参数有含氧量、含湿量（湿度）、流量（或流速）、温度和大气压。

（二）烟气参数的测量

烟气温度、压力、流量（或流速）、含氧量、含湿量及大气压都是计算烟气污染物浓度及其排放总量需要的参数。

温度常用热电偶温度仪或热电阻温度仪测量。流量（或流速）常用皮托管流速测量仪或超声波测速仪、靶式流量计测量。烟气压力可由皮托管流速测量仪的压差传感器测得。含湿量通过常用测氧仪测定烟气除湿前、后含氧量计算得知，也可以用电容式传感器湿度测量仪测量。含氧量用氧化锆氧分析仪或磁氧分析仪、电化学传感器氧量测量仪测量。大气压用大气压计测量。

（三）颗粒物（烟尘）自动监测仪

烟尘的测定方法有浊度法、光散射法、β 射线吸收法等。使用这些方法测定时，烟气中其他组分的干扰可忽略不计，但水滴有干扰，不适合在湿法净化设备后使用。

1. 浊度法

浊度法测定烟尘的原理基于烟气中颗粒物对光的吸收。光源和检测器组合件安装在烟囱的左侧，反光镜组合件安装在烟囱的右侧。当被斩光器调制的入射光束穿过烟气到达反光镜组合件时，被角反射镜反射后再次穿过烟气返回到检测器，根据用测定烟尘的标准方法对照确定的烟尘浓度与检测器输出信号间的关系，经仪器校准后即可显示、输出实测烟气的烟尘浓度。仪器配有空气清洗器，以保持与烟气接触的光学镜片（窗）清洁。仪器经过改进，调制、校准及光源的参比等功能用特种 LCD 材料来实现，使整个系统无运动部件，提高稳定性。LCD 材料具有通过改变电压可以改变其通光性的特点。

2. 光散射法

光散射法基于颗粒物对光的散射作用，通过测量偏离入射光一定角度的散射光强度，间接测定烟尘的浓度。根据散射光偏离入射光的角度不同，其监测仪器有后散射烟尘监测仪、边散射烟尘监测仪和前散射烟尘监测仪。将它安装在烟囱或烟道的一侧，用经两级过滤器处理的空气冷却和清扫光学镜窗口；手工采样利用重量法测定烟气中烟尘的浓度，建立与仪器显示数据的相关关系，并用数字电子技术实现自动校准。

光散射法比浊度法灵敏度高，仪器的最小测定范围与光路长度无关，所以光散射法特别适用于低浓度和小粒径颗粒物的测定。

（四）气态污染物的测定

烟气具有温度高、含湿量大、腐蚀性强和含尘量高的特点，监测环境恶劣，测定气态污染物需要选择适宜的采样、预处理方式及自动监测仪。

1. 采样方式

连续自动测定烟气中气态污染物的采样方式分为抽取采样法和直接测量法。抽取采样法又分为完全抽取采样法和稀释抽取采样法，直接测量法又分为内置式测量法和外置式测量法。

（1）完全抽取采样法：完全抽取采样法是直接抽取烟囱或烟道中的烟气，经处理后进行监测，其采样系统有两种类型，即热-湿采样系统和冷凝–干燥采样系统。

热–湿采样系统适用于高温条件下测定的红外或紫外气体分析仪。它由带过滤器的高温采样探头、高温条件下运行的反吹清扫系统、校准系统及气样输送管路、采样泵、流量计等组成。仪器要求从采样探头到分析仪器之间所有与气体介质接触的组件均采取加热、控温措施，保持高于烟气露点的温度，以防止水蒸气冷凝，造成部件堵塞、腐蚀和分析仪器故障。压缩空气沿着与气流相反的方向反吹过滤器，把过滤器孔中滞留的颗粒物吹出来，避免堵塞。反吹周期视烟气中颗粒物的特性和浓度而定。

冷凝–干燥采样系统是在烟气进入监测仪器前进行除颗粒物、水蒸气净化、冷却和干燥处理。如果在采样探头后离烟囱或烟道尽可能近的位置安装处理装置，称为预处理采样法，具有输送管路不需要加热，能较灵活地选择监测仪器和按干烟气计算排放量等优点，但维护不够方便，且传输距离较远时仍然会使气样浓度发生变化。如果在进入监测仪器前，距离采样探头一定距离处安装处理装置，称为后处理采样法，具有维护方便、能更灵活地选择监测仪器和按干烟气计算排放量和污染物浓度等优点，但要求整个采样管路保持高于烟气露点的温度。

（2）稀释抽取采样法：这种采样方法是利用探头内的临界限流小孔，借助于文丘里管形成的负压作为采样动力，抽取烟气样品，用干燥气体稀释后再送入监测仪器。有两种类型稀释探头，一种是烟道内稀释探头，另一种是烟道外稀释探头。二者的工作原理相同，主要不同之处在于：前者在位于烟道中的探头稀释部分烟气，输送管路不需要加热、保温；后者将临界限流小孔和文丘里管安装在烟道外探头部分内，如果距离监测仪器远，输送管路就需要加热、保温。因为烟气进入监测仪器前未经除湿，故测定结果为湿基浓度。

烟道临界限流小孔的长度远远小于空腔内径，当小孔孔后与孔前的压力比大于0.46时，气体流经小孔的速度与小孔两端的压力变化基本无关，通过小孔的气体流量恒定。

稀释抽取采样法的优点在于：烟气能以很低的流速进入探头的稀释系统，可以比完全抽取采样法的进气流量低两个数量级，如烟气流量 2 ~ 5L/min，进入探头稀释系统的流量只有 20 ~ 50mL/min，这就解决了完全抽取采样法需要过滤和调节处理大量烟气的问题，可以进入空气污染监测仪器测定。

（3）直接测量法：直接测量法类似于测量烟气烟尘，将测量探头和测量仪器安装在烟囱（道）上，直接测量烟气中的污染物。这种测量系统一般有两种类型，一种是将传感器安装在测量探头的端部，探头插入烟囱（道）内，用电化学法或光电法测量，相当于在烟囱（道）中一个点上测量，称为内置式，如用氧化锆氧量分析仪测量烟气含氧量。另一种是将测量仪器部件分装在烟囱（道）两侧，用吸收光谱法测量，如将光源和光电检测器单元安装在烟囱（道）的一侧，反射镜单元安装在另一侧，入射光穿过烟气到达反射镜单元，被反射镜反射，进入光电检测器，测量污染物对特征光的吸收，相当于线测量，这种方式将光学镜片全部装在烟囱（道）外，不易受污染，称为外置式。这种方法适用于低浓度气体测量，有单光束型和双光束型，可用双波长法、差分吸收光谱法、气体过滤相关光谱法等测量。

2. 监测仪器

一台监测烟气中气态污染物的仪器，除采样单元外，还包括测量单元（光学部件和光电转换器或电化学传感器）、校准系统、自动控制和显示记录单元、信号处理单元等。烟气中主要气态污染物常用的监测仪器如下：

SO_2：非色散红外吸收自动监测仪、非色散紫外吸收自动监测仪、紫外荧光自动监测仪、定电位电解自动监测仪。

NO_2：化学发光自动监测仪、非色散红外吸收自动监测仪、非色散紫外吸收自动监测仪。

CO：非色散红外吸收自动监测仪、定电位电解自动监测仪。

第六节　遥感监测

遥感监测是应用探测仪器对远处目标物或现象进行观测，把目标物或现象的电磁波特性记录下来，通过识别、分析，揭示了某些特性及其变化，是一种不直接接触目标物或现象的高度自动化监测手段。它可以进行区域性的跟踪测量，快速进行污染源定位、污染范围核定、污染物质实时监测，以及生态环境调查等。

遥感的工作方式可分为被动遥感和主动遥感。前者是收集目标物或现象自身发射的对自然辐射源反射的电磁波；后者是主动向目标物发射一定能量的电磁波，收集返回的电磁波信号。遥感监测的主要方法有摄影、红外扫描、相关光谱和激光雷达遥感等。

一、摄影遥感

摄影机是一种遥感装置，将其安装在飞机、卫星上对目标物进行拍照摄影，可以对土地利用、植被、水体、大气污染状况等进行监测。其原理是基于上述目标物或现象对电磁波的反射特性有差异，用感光胶片感光记录就会得到不同颜色或色调的照片。

水反射电磁波的能力是最弱的，表层土壤和植物反射电磁波的能力也是不同的。当地表水受到污染后，由于受污染程度不同，反射电磁波的能力不同，在感光胶片上呈现明显地黑白或色彩反差。例如，未受污染的海水与被石油污染的海水对电磁波反射能力差异大；水面上油膜厚度不同，反射电磁波能力也有差异，这在感光胶片上会呈现不同的色调或明暗程度，据此可判断石油污染的水域范围和对海面油膜进行半定量分析。当湖泊中藻类繁殖、叶绿素浓度增大时，可能会导致蓝光反射减弱和绿光反射增强，这种情况会在感光胶片上反映出来，据此可大致判定大面积水体中叶绿素浓度发生的变化。

感光胶片乳胶所能感应的电磁波波长范围为 0.3 ~ 0.9μm，其中包括近紫外、可见和近红外线光区，所以在无外来辐射的情况下，拍照摄影一般可在白天借助于天然光源进行。

航空、卫星摄影是在高空飞行状态下进行的。为获得清晰的图像，就必须采用影像移动补偿技术，最简单的方法是在曝光时移动感光胶片，使感光胶片与影像同步移动。还可以将拍照摄影装置设计成扫描系统，在系统中有一旋转镜面指向目标物并接收其射来的电磁辐射能，将接收到的能量传送给光电倍增管，产生相应的电脉冲信号，该信号再被调制成电子束，转换成可被感光胶片感光的发光点，得到扫描范围区域的影像。

不同波长范围的感光胶片是由滤光镜组成的多波段摄影系统，可用不同的镜头感应不同波段的电磁波，同时对同空间的同一目标物进行拍摄，获得一组遥感照片，借以判定不同种类的污染信息。例如，天然水和油膜在 0.30 ~ 0.45μm 紫外线波段对电磁波反射能力差别很大，使用对此波段选择性感应的镜头拍摄的照片油水界线明显，可判断油膜污染范围；漂浮在水中的绿藻和蓝绿藻在另一波段处也有类似情况，可选择另一相应波段的镜头拍摄，判断两种藻类的生长区域。

二、红外扫描遥感

地球可被视为一个黑体，根据理论推算，平均温度约 300K，其表面所发射的电磁波波长为 4 ~ 30μm，介于中红外（1.5 ~ 5.5μm）和远红外（5.5 ~ 1000μm）区域。这一波长范围的电磁波在由地球表面向外发射过程中，首先被低层大气中的水蒸气、二氧化碳、氧等组分吸收，只剩下 4.0 ~ 5.5μm 和 8 ~ 14μm 的电磁波可透过“大气窗”射向高层空间，所以遥感测量热红外电磁波范围就在这两个波段。因为地球会连续地发射红外线，所以这类遥感测量系统可以日夜连续进行监测。

地球表面的各种受监测对象具有不同的温度，其辐射能量随之不同；温度越高，辐射功率越强，辐射峰值的波长越短。红外扫描遥感技术就是利用红外扫描仪接收监测对象的热辐射能，转换成电信号或其他形式的能量后，再加以测量，获得它们的波长和强度，判断不同物质及其污染类型和污染程度。例如，水体热污染、石油污染情况，森林火灾和病虫害，环境生态等。

普通黑白全色胶片和红外胶片对上述红外线光区电磁波均不能感应，所以需用特殊感光材料制成的检测元件，如半导体光敏元件。当红外扫描仪的旋转镜头对准受检目标物表面扫描时，镜头将传来的辐射能反射聚焦在光敏元件上，光敏元件随受照光量不同，引起阻值变化，导致传导电流的变化；让此电流流过具有恒定电阻的灯泡时，则灯泡发光明暗度随电流大小变化，变化的光度又使感光胶片产生不同程度的曝光，这样便得到能反映被检目标物情况的影像。这种影像还可以通过阴极射线管的屏幕得以显示，或进一步由计算机处理后以直方图的图像形式输出。

三、相关光谱遥感

相关光谱遥感，是基于物质分子对光吸收的原理并辅以相关技术的监测方法。在吸收光谱技术基础上配合相关技术是为了排除测定中非受检组分的干扰。这种技术采用的是吸收光为紫外线和可见光，故可利用自然光作光源。在一些特殊场合，也可采用人工光源。其测定过程是自然光源由上而下透过受检大气层后，使之相继进入望远镜和分光器，随后穿过由一排狭缝组成的与受检气体分子吸收光谱相匹配的相关器，相关器透射光的光谱图正好相应于受检气体分子的特征来吸收光谱，加以测量后，便可推知其含量。相关器是根据某一特定污染物质吸收光谱的某一吸收带（如 SO_2 选择 300nm 左右），预先复制出的刻有一组狭缝的光谱型板，狭缝的宽度和间距与真实的吸收光谱波峰和波谷所在波长模拟对应，这样可从这组狭缝射出受检物质分子的吸收光谱。因此，在相关技术中使用的是成对的吸收光，每对吸收光波长都是邻近的，且所选波长要使其通过受检物质时分别发生强吸收和弱吸收，这有利于提高检测灵敏度。

相关光谱遥感已用于一氧化氮、二氧化氮和二氧化硫的监测，如对它们同时进行连续测定，则在系统中需要安装三套相关器。监测这三种污染组分的实际工作波长范围是：NO 为 195 ~ 230nm，NO_2 为 420 ~ 450nm，SO_2 为 250 ~ 310nm。

四、激光雷达遥感

激光具有单色性好、方向性强和能量集中等优点，可以利用激光与物质作用获得的信息监测污染物质，具有灵敏度高、分辨率好、分析速度快的优点，所以自 20 世纪 70 年代初以来，运用激光对空气污染、流层臭氧的分布和水体污染进行遥感监测的技术和仪器发展很快。

激光雷达遥感监测环境污染物质是利用测定激光与监测对象作用后发生散射、反射、吸收等现象来实现的。例如，激光射入低层大气后，将会与大气中的颗粒物作用，因颗粒物粒径大于或等于激光波长，故光波在这些质点上发生米氏散射。据此原理，将激光雷达装置的望远镜瞄准由烟囱口排出的烟气，对发射后经米氏散射折返并聚焦到光电倍增管窗口的激光强度进行检测，就可以对烟气中的烟尘浓度进行实时遥测。当射向空气的激光与气态分子相遇时，则可能发生另外两种分子散射作用而产生的折返信号，一种是散射光频率与入射光频率相同的雷利散射，这种散射占绝大部分；另一种是占 1% 以下的散射光频率与入射光频率相差很小的拉曼散射。应用拉曼散射原理制成的激光雷达可用于遥测空气中 SO_2、NO、CO、CO_2、H_2S 和 CH_4 等污染组分。因为不同组分都有各自的特定拉曼散射光谱，可借此进行定性分析；拉曼散射光的强度又与相应组分的浓度成正比，借此又可做定量分析。因为拉曼散射信号较弱，所以这种装置只适用于近距离（数百米范围内）或高浓度污染物的监测。发射系统将波长为 λ_0（相应频率为 f_0）的激光脉冲发射出去，当遇到各种污染组分时，则分别产生与这些组分相对应的拉曼频移散射信号（f_1、f_2、…、f_n）。这些信号连同无频移的雷利和米氏散射信号（f_0）一起折返发射点，经接收望远镜收集后，通过光谱分析器分出各种频率的折返光波，并用相应的光电检测器检测，再经电子及数据处理系统得到各种污染组分的定性和定量检测结果。

激光荧光遥感技术是利用某些污染物分子受到激光照射时被激发而产生共振荧光，测量荧光的波长，可作为定性分析的依据；测量荧光的强度，可作为定量分析的依据。例如，一种红外激光－荧光遥感监测仪可监测空气中的NO、NO_2、CO、CO_2、SO_2、O_3等污染组分；还有一种紫外激光－荧光遥感监测仪可监测空气中的HO浓度，也可以监测水体中有机物污染和藻类大量繁殖情况等。

利用激光单色性好的特点，也可以用简单的光吸收法来监测空气中污染物浓度。例如，用长光程吸收法测定空气中HO的浓度，将波长为307.9951nm、光束宽度小于0.002nm的激光射入空气，测其经过10km射程被HO吸收衰减后的强度变化，便可推算出空气中HO的浓度。还有一种差分吸收激光雷达监测仪，以其高灵敏度及可进行距离分辨测量等优点成功应用于遥测空气中NO_2、SO_2、O_3等分子态污染物的浓度。这种仪器使用了两个波长不同而又相近的激光光源，它们交替或同时沿着同一空气途径传输，被测污染物分子对其中一束光产生强烈吸收，而对波长相近的另一束光基本没有吸收；同时，气体分子和气溶胶颗粒物对这两束光具有基本相同的散射能力（因光受颗粒物散射的截面大小主要是由光的波长决定），因此两束光被散射后的返回光强度差仅由被测物质分子对它们具有不同的吸收能力决定，根据这两束返回光的强度差就能确定被测污染物在空气中的浓度；分析这两束光强度随时间变化而导致的检测信号变化，就可以进行被测物质分子浓度随距离变化的分辨测定。例如，对大气平流层臭氧垂直分布的研究，激光雷达用激光器向平流层发射能被臭氧吸收的紫外线（308nm）和不能被臭氧吸收的紫外线（355nm），用电子望远镜收集从不同高度散射返回的紫外线，通过识别、分析，可获得不同高度的臭氧浓度。

五、微波辐射遥感

微波是指300 ~ 300 000MHz（波长1nm ~ 1m）的电磁波。有些气态污染物在微波段具有特征吸收带，如一氧化碳在2.59mm波长处、氮氧化物在2.4mm波长处、臭氧在2.74mm波长处有特征吸收带，可用微波辐射测定仪测定。

六、“3S”技术

遥感（RS）与地理信息系统（GIS）、全球定位系统（GPS）相结合（称“3S”技术）形成了对地球进行空间观测、空间分析及空间定位的完整技术体系，在监测大范围的生态环境、自然灾害、污染动态和研究全球环境变化、气候变化规律和减灾、防灾等方面发挥着越来越重要的作用。其中，全球定位系统可提供高精度的地理定位方法，用于野外采样点、海洋等大面积水体污染区域、沙尘暴范围等定位。地理信息系统是一种功能强大的对各种空间信息在计算机平台上进行存储、传输、处理及综合分析的工具。三种技术的结合，为扩大环境监测范围和功能，提高信息化水平，以及对突发性环境污染事故的快速监测、评估等提供了有力的技术支持。我国于2008年发射的风云三号新一代极轨气象卫星，装载有扫描辐射仪、红外分光光度仪、微波温度计、微波湿度计、中分辨率光谱成像仪、微波成像仪、紫外臭氧总量探测仪、紫外臭氧垂直探测仪、地球辐射探测仪、太阳辐射监测仪和空间环境监测仪11台有效载荷，开展三维、全天候、多光谱定量探测，以获取海洋及空间环境的相关信息。

第七节　环境监测网

环境监测网是运用计算机和现代通信技术将一个地区、一个国家，乃至全球若干个业务相近的监测站及其管理层按照一定的组织、程序相互联系，传递环境监测数据、信息的网络系统。通过该系统的运行，达到信息共享、提高区域性监测数据的质量、为评价大尺度范围环境质量和科学管理提供依据。下面介绍我国环境监测网情况。

一、环境监测网管理与组成

我国环境监测网由生态环境部会同资源管理、工业、交通、军队及公共事业等部门的行政领导，组成的国家环境监测协调委员会负责行政领导，其主要职责是为了商议全国环境监测规划和重大决策问题。由各部门环境监测专家组成国家环境监测技术委员会负责技术管理，主要职责是：审议全国环境监测技术决策和重要监测技术报告；制定全国统一的环境监测技术规范和标准监测的分析方法，并进行监督管理。环境监测技术委员会秘书组设在中国环境监测总站。

全国环境监测网由国家环境监测网、各部门环境监测网及各行政区域环境监测网组成。国家环境监测网由各类跨部门、跨地区的生态与环境质量监测系统组成，其主要监测点是从各部门、各行政区域现行的监测点中优选出来的，由各部门分工负责，来开展生态监测和环境质量监测工作。部门环境监测网为资源管理、环境保护、工业、交通、军队等部门自成体系的纵向环境监测网，它们在国家环境监测网分工的基础上，根据自身功能特点和减少重复的原则，工作各有侧重，如资源管理部门以生态环境质量监测为主，工业、交通、军队等部门以污染源监测为主。行政区域环境监测网由省、市级横向环境监测网组成，省级环境监测网以对所辖地区环境质量监测为主，市级环境监测网以污染源监测为主。

环境监测网的实体是环境质量监测网和污染源监测网。国家环境质量监测网由生态监测网、空气质量监测网、地表水质量监测网、地下水质量监测网、海洋环境质量监测网、酸沉降监测网、放射性监测网等组成。

二、国家环境空气质量监测网

该监测网由环境空气质量监测中心站和从城市、农村筛选出的若干个环境空气质量监测站组成。环境空气质量监测中心站分为国家环境空气质量背景监测站、城市的空气污染趋势监测站和农村居住环境空气质量监测站三类。

国家环境空气质量背景监测站设在无工业区、远离污染源的地方，其监测结果用于评价所在区域空气质量，与城市空气质量相比较。城市空气污染趋势监测站分为一般趋势（监测）站和特殊趋势（监测）站两类。前者进行常规项目（TSP、SO_2、NO_2、PM10及气象参数）例行监测，发布空气达标情况；后者是选择国家确定的空气污染重点城市来开展特征有机污染物、臭氧监测。农村居住环境空气质量监测站建在无工业生产活动的村庄，开展空气污染常规项目的定期监测，评价空气质量状况。

三、国家地表水质量监测网

国家地表水质量监测网，由地表水质量监测中心站和若干个地表水质量监测子站组成。地表水质量监测子站设在各水域，委托地方监测站负责日常运行和维护。监测子站的类型有背景监测站、污染趋势监测站、生产性水域监测站和污染物通量监测站。子站的监测断面布设在重要河流的省界，重要支流入河（江）口和入海口，重要湖泊及出入湖河流、国界河流及出入境河流，湖泊、河流的生产性水域及重要水利工程处等。

四、污染源监测网

建立污染源监测网的目的是为了及时、准确、全面地掌握各类固定污染源、流动污染源排放的达标情况和排污总量。污染源监测涉及部门多、单位多，适于以城市为单元组建污染源监测网。城市污染源监测网由环境保护部门监测站（中心）负责，会同有关单位监测站组成。工业、交通、铁路、公安、军队等系统也组建了行业污染源监测网。

五、环境监测信息网

环境监测数据、信息是通过信息系统传递的。按照我国环境监测系统的组成形式、功能和分工，国家环境监测信息网分为三级运行和管理。

一级网为各类环境质量监测网基层站、城市污染源监测网基层站（城市网络组长单位）。它们将获得的各类监测数据、信息输入原始数据库，按照上级规定的内容和格式将数据、信息传送至专业信息分中心（设在省或自治区、直辖市环境监测中心站）。污染源监测数据、信息由城市网络中心（设在市级监测站）传递给专业信息分中心。基层站的硬件以微型计算机平台为主。

二级网为专业信息分中心，负责本网络基层站上报监测数据和信息的收集、存储和处理，编制监测报告，建立二级数据库，将汇总的监测数据、信息按统一要求传送至国家环境监测信息中心。专业信息分中心的硬件以小型计算机工作站为主。

三级网为国家环境监测信息中心（设在中国环境监测总站），负责收集、存储和管理二级网上报的监测数据、信息和报告，建立三级数据库，并编制各类国家环境监测报告。

此外，各环境监测网信息分中心、国家环境监测信息中心除实现国内联网外，还应通过互联网与国际相关网络联网，如全球环境监测系统（GEMS）等，以便及时交流并获得全球的环境监测信息。

第五章　生态环境的破坏与恢复理论研究

第一节　人为干扰与生态破坏

人为干扰是人类改造自然界的一种生产活动。干扰的强度与生产力的发展水平紧密相关，高水平的生产力对自然界的干扰强度大，反之则小。人为对自然界的干扰作用有正干扰和负干扰两种类型。尊重自然界的客观规律，遵循生产与生态学相结合的观点，谋求与生态系统的最大和谐与协调，在这种科学思想指导下去从事生产活动是正干扰，这样的生产活动有利于生态系统向稳定、复杂和高级的方向发展；如果违背了自然界的客观规律，随心所欲地对待自然界，是一种负干扰活动。

生态破坏，通常是指生态环境的破坏和生态平衡的失调，其破坏程度取决于人为的负干扰程度，负干扰愈强烈，生态破坏就愈严重，生态恢复的难度和时间就相应地增加和延长。

一、古文明与环境

历史上曾显赫一时的古巴比伦文明就是在沃野千里、林海茫茫的美索不达米亚平原的两河流域（幼发拉底河和底格里斯河）上兴起的。由于森林大量砍伐，草地被过度放牧，生态环境日益恶化，原来大片的森林草原成为一片沙漠，两河流域附近的耕地又因灌溉不当而发生了盐碱化，至公元前 4 纪末，古巴伦文明也因此而衰落。

古埃及文明孕育发展于尼罗河流域，那时埃及气候湿润，草木生长茂盛，覆盖着大量热带森林。后来，大量的森林被滥伐，气候条件也日益恶化，尼罗河文明也日趋衰落。今天的埃及仍是世界上森林最少的国家之一，全国 96% 以上的土地为沙漠所覆盖。因此，有些历史学家感叹：“由于森林的消失，埃及 600 年的文明，却换来了近 3000 年的荒凉。”

作为印度文明“基石”的塔尔平原位于南亚大陆的印度河流域。由于人口的增长，大量的森林被砍，草地被开垦，土地裸露，气候条件日趋干旱化，最终形成大沙漠。昔日富饶的塔尔平原如今已成大沙漠。

古黄河文明在世界文明史上占有重要的地位，曾经是中国农业和文明的摇篮。但是，随着上游丘陵山原地区森林和草原的严重破坏，导致了生态的恶性循环和农林牧业的衰退，昔日清澈的“大河”成了今日的“黄河”，下游的河床由于泥沙冲击导致每年抬升数厘米。

二、不合理的开发与环境

对土地的不合理开发利用造成了土壤侵蚀，土壤侵蚀是土壤退化的根本原因，也是导致生态环境恶化的严重问题，古今中外的历史事实也证明了这一点。

（一）水土流失

水土流失是土地资源的不合理利用，特别是毁林造田、过度放牧所带来的不良后果。据统计，全世界水土流失面积达 25 亿 hm^2，占全球耕地和林草地总面积 86.5 亿 hm^2 的 29%。全球耕地面积约 14.57 亿 hm^2，表土层平均厚 18cm，由于水和风的侵蚀，在过去 100 年内，地球上有 2 亿 hm^2 土地遭受了损失，每年有 270 亿 t 土壤随水流失。如果以土壤层平均厚 1m 计算，经过 809 年全球耕地土壤将被侵蚀殆尽。

（二）地力衰退

在土地资源利用中，地力衰退主要表现在养分的亏损上，其根本原因之一就是森林破坏。

地力衰退的原因之一是水土流失。据苏联科学院地理研究所的调查，苏联每年因水土流失而损失的氮为 122.9 万 t、磷 539 万 t、钾 1213.5 万 t。美国密西西比河每年因水土流失带走磷 6.1 万多 t、钾 162.6 万多 t、钙 2244.6 万多 t、镁 517.9 万多 t，所以有人说“美国现在每出口 1t 小麦，就从密西西比河“出口”10t 表土。”据统计，中国每年因水土流失的氮、磷、钾为 4000 万 t 左右，与一年的化肥用量相当。其中长江流域的土壤流失量为 22.4 亿 t，损失氮、磷、钾约 2500 万 t。

地力衰退的另一个原因是农业发展迅速，需要从土壤中吸收大量的养分。统计资料表明，印度 1980~1981 年生产粮食 1.3 亿 t，除去从化肥和有机肥中取走 2/3 的养分外，尚有 1/3 即 1750 万 t 养分需从土壤中获取，造成土壤养分亏损日趋严重。

（三）沙漠化扩大

目前世界上受沙漠化威胁的面积已达 4500 万 km^2，每年因沙漠化损失的耕地面积达 5~7 万 km^2，损失达 100 亿美元。沙漠化扩大速度为每年 600 万 km^2 左右。撒哈拉沙漠的南缘在最近 50 年中已有 65 万 km^2 的土地不再适于农牧业，变成了荒漠。

（四）土壤盐碱化面积扩大

土壤盐碱化的原因主要是由于土地利用方式不当和灌溉排水不合理。迄今为止，中国因次生盐渍化而弃耕的面积就达 4 万 km^2 左右，约有 1/5 的耕地在不同程度上存在盐碱化和次生碱化特征。

三、城市化与环境

城市化是人类发展、变革的重要过程，是一个国家经济、文化发展的结果。城市化引起的城市环境问题主要是大气、水体、固体废弃物和噪声污染严重，绿地缺乏，城市热辐射和光辐射，能源和资源不足，生物种类极为贫乏，生态环境质量下降，等等。

第二节　生态破坏的特征与危害

生态破坏是指由于人为的干扰所造成生态环境的破坏。破坏的特征与危害主要表现在生态环境极端化，出现生态灾害，生态系统发生逆行演替，生产力下降，生物多样性指数低，生态系统脆弱，生态平衡失调，等等。

一、水土流失的危害

水土流失的后果常常是灾难性的。德国水土保持专家认为，水土流失引起的土壤退化与泥沙淤积对人类来说，是一场难以想象的生态灾难。

（一）土壤退化

水土流失的直接后果之一是土壤的承载能力下降，主要表现在 3 个方面：土壤退化，肥力衰退；土层变薄；土壤石质化。特别是石质化土壤彻底失去承载能力后，将会在相当长一段时间内成为不毛之地。

据考证，西周时期，黄土高原约有 0.32 亿 hm^2 森林，覆盖率 53%。从秦朝起，多次耕垦和多次大破坏，到 20 世纪 40 年代，森林不足 0.02 亿 hm^2，覆盖率降到 3%，以致到处童山秃岭，千沟万壑，赤地千里。由于黄土高原森林植被的破坏，导致水土流失严重，黄河也就成了名副其实的“黄河”了。

根据长江中上游防护林体系学术研讨会的资料，长江流域因每年水土流失而损失的氮、磷、钾等无机养分为 2500 万 t，相当于 50 个年产 50 万 t 的化肥厂总产量，此外还有大量有机养分损失。同时土层变薄和出现沙砾化，如贵州省土层厚度 15cm 以下的耕地占总耕地面积的 49.3%，松沙型耕地占耕地面积的 20.2%，石砾含量达 3% 以上的耕地占总耕地面积的 12.5%。由于土壤肥力衰竭和石质化，耕地大量减少，如陕西省汉中地区 20 世纪 50 年代初至 80 年代的 30 年间，因水土流失而被迫弃耕的农地就达到 22.2 万 hm^2。

（二）湖库淤积

水土流失另一个极为可怕的后果是泥沙淤积。雨季来临，没有森林，山体受到冲刷，水流夹着泥沙，一泻无阻，涌入江河、湖库。江水一旦减速，挟沙力下降，泥沙便沉积下来，造成了湖库淤积，面积和库容减少，河床抬升甚至堵塞，出现悬河，造成很大的安全隐患。

（三）水旱灾害

据有关资料，淮河流域因植被破坏严重，土壤表层性质恶化，有雨是洪，无雨是旱，以致洪水和干旱发生频率提高。

（四）湖泊富营养化

由于含氮、含磷的水土流失，以及生活和畜牧业污水排放量大，致使长江中下游许多湖泊和水库富营养化加剧，湖泊、水库等水体中藻类尤其是蓝藻水华（湖靛）日趋普遍。

二、生物多样性锐减

由于森林的破坏，草场垦耕和过度放牧等，不仅导致土地沙漠化、盐渍化和贫瘠化等，而且导致了生态系统简单化和退化，破坏了物种生存、进化和发展的生境，使物种和遗传资源失去了保障。据世界自然保护联盟（IUCN）等组织对鸟类的调查，在100万年前，平均每300年有一种鸟灭绝；从100万年前到近代，平均每50年有一种灭绝；可是最近300年，平均每2年灭绝1种；而进入20世纪后，每年就灭绝1种。如果现存的物种得不到保护，物种濒危或灭绝的趋势将进一步加剧。

生物多样性锐减的后果是灾难性的。生物多样性的破坏，特别是生物的食物链和食物网的断裂和简化，将导致生物圈内食物链的破碎，引起人类生存基础的坍塌，这是非常危险的。

三、土地沙漠化的危害

土地沙漠化和土壤退化是人类面临的最严重问题之一，全球有10亿人受到了荒漠化的直接威胁，其中有1.35亿人在短期内有失去土地的危险。荒漠化灾害影响涉及全球约1/3的陆地面积。在全球出现荒漠化土地的6大洲中，非洲排名首位，世界上荒漠化土地的半数以上在非洲。地球上最大的沙漠——撒哈拉沙漠的流沙每年向南扩展近150万 hm^2，向北吞没农田10万 hm^2。欧洲66%的旱地也受到不同程度地荒漠化的危害。全球陆地面积约有1/4受到不同程度荒漠化的危害，相当于俄罗斯、加拿大、中国、美国国土面积的总和，且每年仍以5万~7万 km^2 的速度扩展。由此造成的直接经济损失每年约423亿美元。随着荒漠化的加速蔓延，人类可耕种的土地日益减少，已严重影响世界粮食生产。这也是近年来世界饥民由4.6亿增至5.5亿的重要原因之一。联合国环境规划署发出警告："照此下去，地球将被卷入一场浩劫性的社会和经济灾难之中。"

荒漠化使人失去了赖以生存的沃土和家园，资源的枯竭将会引发社会和政治的动荡不安。在非洲撒哈拉干旱荒漠区的21个国家中，20世纪80年代干旱高峰区有3500万人口受到影响，一千多万人背井离乡成为“环境难民”。目前，全世界“环境难民”的人数已达三千多万人。中国西部部分地区居民因风沙原因被迫后移，也成为“环境难民”。

荒漠化造成的贫困和社会动荡，不再是一个生态问题，已成为严重的经济和社会问题。

四、湿地景观消失

湿地在调节气候、涵养水源、蓄洪防旱、控制土壤侵蚀、促淤造陆、净化环境、维持生物多样性和生态平衡等方面均具有十分重要的作用。我国是世界上湿地类型多、面积大、分布广的国家之一，天然湿地面积约2500万 hm^2，仅次于加拿大和俄罗斯，居世界第3位。从寒温带到热带，从沿海到内陆，从平原到高原山区均有湿地分布，包括沼泽、泥炭地、湿草甸、浅水湖泊、高原咸水湖泊、盐沼和海岸滩涂等多种。由于人类的破坏行为，我国的湿地正面临着区域生态环境破坏、自然湿地景观消失、气候条件变化等生态灾难。由于围垦和水中泥沙含量较大这两个主要原因，湖泊面积和容积日趋缩小，自然湿地的面积也因此减少，调蓄洪水的能力下降。

第三节　生态破坏的恢复对策

生态系统具有很强的自我恢复能力和逆向演替机制，即使在植被完全破坏的情况下，生态系统都有可能会恢复。例如，从古老废弃的耕地恢复到林地，从火山灰上发展起来的灌木林和草地等都说明了生态系统的自我恢复能力。无论是来自自然因素，还是来自人为因素的干扰和破坏都会发生系统的自然恢复。这些恢复过程在自然状态下可能进展缓慢，例如在温带地区，森林生态系统大约需100年才能恢复到原貌；但是，如果在采用人工设计并辅以工程措施的条件下，一些生态系统破坏型可在不到5年的时间内恢复到耕地或草地的水平，用20~30年时间恢复到林地水平（Bradsaw，1980）；如果有足够的物质投入（增施化学肥料和有机肥）和优越的自然条件（例如充足的降水量），生态恢复的时间可以更短一些（舒俭民等，1996）。

一、恢复生态学的理论基础

（一）概述

生态恢复是相对于生态破坏而言的。生态破坏可以理解为生态系统的结构发生变化，导致功能退化或丧失，关系紊乱。生态恢复就是恢复系统的合理结构、高效的功能和协调的关系（Bradshan，1983）。生态恢复实质上就是被破坏的生态系统的有序演替过程，这个过程使生态系统可恢复到原先的状态。但是，由于自然条件的复杂性以及人类社会对自然资源利用的影响，生态恢复并不意味着在所有场合下都能够或必须使生态系统都恢复到原先的状态，生态恢复最本质的目的就是恢复系统的必要功能，并达到系统自维持状态。

群落的自然演替机制奠定了恢复生态学的理论基础。在自然条件下，如果群落遭到干扰和破坏，它还是能够恢复的，恢复的时间有长有短。首先是被称为先锋植物的种类侵入遭到破坏的地方并定居和繁殖。先锋植物改善了破坏地的生态环境，使得更适宜其他物种的生存并被取代，如此渐进直到群落恢复它原来的外貌和物种成分为止。在遭到破坏的群落地点所发生的这一系列变化，就是人们通常所指的生态系统的进展演替。

演替可以在地球上几乎所有类型的生态系统中发生，有原生和次生演替之分。生态恢复是指生态系统中的次生演潜。如在火烧迹地或皆伐迹地，云杉林上发生的次生演替序列为：迹地—杂草—桦树—山杨—云杉林阶段，时间可达几十年之久。弃耕地上发生的次生演替序列为：弃耕地—杂草—优势草—灌木—乔木。从上述次生演替序列来看，次生演替序列可通过人为手段加以控制，加快演替速度。

（二）恢复生态学及其研究内容

恢复生态学是研究生态系统退化的原因、退化生态系统恢复与重建的技术与方法、生态学过程与机理的科学（余作岳等，1996），它是现代生态学的年轻分支学科之一。恢复生态学最早是由西欧学者提出的。它的出现有着强烈的应用生态学背景，因为其研究对象是那些在自然灾变和人类活动压力下受到破坏的生态系统。因此，恢复生态学在一定意义上是一门生态工程学或生物技术学（陈昌笃等，1993）。

恢复生态学与生态学分支（如遗传生态学、种群生态学、群落生态学、生态系统生态学、景观生态学、保护生态学等）、生物学、土壤学、水文学、农学、林学、工程与技术学、环境学、地学、经济学、社会伦理学等学科紧密相连。恢复生态学是一门以基础理论和技术为软硬件支持的多学科交叉、多层面兼顾的综合应用学科。

恢复生态学应加强基础理论和应用技术两大领域的研究工作。基础理论研究包括：

①生态系统结构（包括生物空间组成结构、不同地理单元与要素的空间组成结构及营养结构等）、功能（包括生物功能；地理单元与要素的组成结构对生态系统的影响与作用；能流、物流与信息流的循环过程与平衡机制等）以及生态系统内在的生态学过程与相互作用机制（赵桂久等，1995）；

②生态系统的稳定性、多样性、抗逆性、生产力、恢复力与可持续性研究；

③先锋与顶级生态系统发生、发展机理与演替规律研究（赵桂久等，1995）；

④在不同干扰条件下生态系统的受损过程及其响应机制研究；

⑤生态系统退化的景观诊断及其评价指标体系研究；

⑥生态系统退化过程的动态监测、模拟、预警及预测研究；

⑦生态系统的健康研究。

应用技术研究包括：

①退化生态系统的恢复与重建的关键技术体系研究；

②生态系统结构与功能的优化配置与重构及其调控技术研究；

③物种与生物多样性的恢复与维持技术；

④生态工程设计与实施技术；

⑤环境规划与景观生态规划技术；

⑥典型退化生态系统恢复的优化模式试验示范与推广研究。

二、退化生态系统恢复与重建目标、原则与操作程序

（一）退化生态系统恢复的基本目标

根据不同的社会、经济、文化与生活需要，人们往往会对不同的退化生态系统制定不同水平的恢复目标。但是无论什么类型的退化生态系统，都应该存在一些基本的恢复目标或要求，主要包括：①实现生态系统的地表基底稳定性。因为地表基底（地质地貌）是生态系统发育与存在的载体，基底不稳定（如滑坡），就不可保证生态系统的持续演替与发展。②恢复植被和土壤，保证一定的植被覆盖率和土壤肥力。③增加种类组成和生物多样性。④实现生物群落的恢复，提高生态系统的生产力和自我维持能力。⑤减少或控制环境污染。⑥增加视觉和美学享受。

（二）退化生态系统恢复与重建的基本原则

在退化生态系统的恢复与重建要求在遵循自然规律的基础上，通过人类的作用，根据技术上适当、经济上可行、社会能够接受的原则，使受害或退化的生态系统重新获得健康并有益于人类生存与生活的生态系统重构或再生过程。生态恢复与重建的原则一般包括自然法则（地理学原则、生态学原则、系统原则）、社会经济技术原则（经济可行性与可承受性原则，技术可操作性原则，社会可接受性原则，无害化原则、最小风险原则，生物、生态与工程技术相结合原则，效益原则，可持续发展原则等）、美学原则（最大绿色原则、健康原则）3 个方面。自然法则是生态恢复与重建的基本原则，也就是说，只有遵循自然规律的恢复重建才是真正意义上的恢复与重建，否则只能是背道而驰、事倍功半。社会经济技术原则是生态恢复重建的后盾和支柱，在一定尺度上制约着恢复重建的可能性、水平与深度。美学原则是指退化生态系统的恢复重建应给人以美的享受。

1. 地域性原则

由于不同的区域具有不同的生态环境背景，如气候条件、地貌和水文条件等，这种地域的差异性和特殊性就要求我们在恢复与重建退化生态系统的时候，要因地制宜，具体问题具体分析，千万不能照搬照抄，而应在长期定位试验的基础上，总结经验，获取优化与成功模式，然后方可示范推广。

2. 生态学与系统学原则

生态学原则主要包括生态演替原则、生物多样性原则、生态位原则等，生态学原则要求我们根据生态系统自身的演替规律分步骤分阶段进行，循序渐进，不能急于求成。例如，要恢复某一极端退化的裸荒地，首先应注重先锋植物的引入，在先锋植物改善土壤肥力条件并达到一定覆盖率以后，可考虑草本、灌木等的引入栽培，最后才是乔木树种的加入。在生态恢复与重建时，要从生态系统的层次上展开，要有整体系统的思想。根据生物间及其与环境间的共生、互惠、竞争和拮抗关系，以及生态位和生物多样性原理，构建了生态系统结构和生物群落，使物质循环和能量流动处于最大利用和最优状态，力求达到土壤、植被、生物同步和谐演替，只有这样，恢复后的生态系统才能稳步、持续地维持与发展。

3. 最小风险原则与效益最大原则

由于生态系统的复杂性以及某些环境要素的突变性，加之人们对生态过程及其内在运行机制认识的局限性，往往不可能对生态恢复与重建的后果以及生态最终演替方向进行准确估计和把握，因此，在某种意义上，退化生态系统的恢复与重建具有一定的风险性。这就要求我们要认真透彻地研究植被恢复对象，经过综合分析评价、论证，将其风险降到最低限度。同时，生态恢复往往是一个高成本的投入工程，因此，在考虑当前经济的承受能力的同时，又要考虑生态恢复的经济效益和收益周期，这是生态恢复与重建工作中十分现实而又为人们所关心的问题。保持最小风险并获得最大效益是生态系统恢复的重要目标之一，这是实现生态效益、经济效益和社会效益完美统一的必然要求。这些内容是恢复生态学研究的重点课题。

（三）生态恢复与重建的一般操作程序

退化生态系统的恢复与重建一般分为下列几个步骤：①首先要明确被恢复对象，并确定系统边界；②退化生态系统的诊断分析，包括生态系统的物质与能量流动和转化分析，退化主导因子、退化过程、退化类型、退化阶段与强度的诊断与辨识；③生态退化的综合评判，确定恢复目标；④退化生态系统的恢复与重建的自然－经济－社会－技术可行性分析；⑤恢复与重建的生态规划与风险评价，建立优化模型，提出决策与具体实施方案；⑥进行恢复与重建的优化模式试验与模拟研究，通过长期定位观测试验，获取在理论和实践中具可操作性的恢复重建模式；⑦对一些成功的恢复与重建模式进行示范与推广，同时还要加强后续的动态监测与评价。

三、生态恢复的植物恢复技术

森林生态系统是陆地生态系统中功能最强、维持地球生态平衡作用最大、调节能力最好的一个系统。

（一）对土壤的改良作用

一般来讲，对于一个破坏严重的生态系统，生物种类及其生长介质的丧失或改变是影响生态恢复的主要障碍，对于这一关键问题，通常选择合适的植物种类改造介质，使被破坏的生态环境变得更适合其他更多植物的生长，这样可以大大加速自维持生态系统的重建。

选择适宜的植物种类是生态恢复的关键技术之一。对于陆地生态系统的生态恢复，耐干旱、耐贫瘠、固氮、速生、高产的草本或灌木是首选种类，这类植物可以迅速生长，以超强的适应被破坏环境的能力，改变遭破坏的生态环境，为其他植物的迁移、定居创造了条件。固氮植物还能改善基质的养分状况（Roberts，1981）。在种植过程中，根据土壤的元素组成与肥力，辅助一定的水肥，尤其是微生物肥，这些措施对植物的快速生长和土壤条件的改善非常有利。对于结构和功能完全丧失的生态系统，利用物理或化学的方法直接改良土壤是生态恢复的必要手段。例如，在被酸性湿沉降和干沉降所酸化的地区，施加一定量的石灰可以加速改变土壤的 pH 值（高吉喜等，1991）；石墨矿尾沙地掺加一定比例的熟土与风化土后施加 45~135t/hm^2 有机肥后，可形成适合小麦等粮食作物种植的土壤（舒俭民等，1996）；稀土尾沙堆在不覆客土，施加有机肥和钙、镁、磷肥后直接种植乔木的一年生苗可取得很好的恢复效果（刘建业等，1993）。

（二）对土壤重金属的净化

对于重金属废弃地，可利用植物根系对土壤重金属吸收作用进行植物整治。苎麻就是一种对土壤吸收能力较强的植物，利用苎麻净化土壤，在将地上部分的镉全部移出污染区、切断污染循环的前提下，使土壤镉含量从 50mg/kg 降至 lmg/kg 的净化目标浓度需 2164 年左右，将镉从 10mg/kg 降至 lmg/kg 亦需 619 年左右（王凯荣等，1998）。桑树的耐旱能力较强，植入受污染的弃耕地后，土壤镉含量下降和向下层迁移的趋势都非常显著（王凯荣等，1998）。由于蚕的耐镉能力较强，因此用含镉较高的桑叶喂养蚕，不仅能整治土壤镉污染，而且还能获得一定经济效益，防止土壤镉进入食物链，是一种较好的生态恢复模式。

植物不仅对镉具有较好的吸收能力，还对其他重金属元素也有较好的吸收能力。如四川大头茶常绿阔叶林对重金属 Cu、Zn、Mn、Pb、Cd 有较强的吸收能力，且主要积累在植物体根部和茎部（孙凡等，1998），因树根和树干是不易被消费者直接啃食的部分，这样就减少了向次级消费者提供重金属的可能性；当树被采伐后，也起到了净化土壤的作用。除此之外，草原生态系统对土壤重金属也有很好的吸收净化效果。

四、我国生态环境建设与生态恢复

（一）黄河上中游地区

虽然该区域生态环境问题最为严峻的是黄土高原地区，总面积约 $64 \times 10^4 km^2$，是世界面积最大的黄土覆盖地区，气候干旱，植被稀疏，水土流失十分严重，是黄河泥沙的主要来源地。生态环境建设应以小流域为治理单元，以县为基本单位，综合运用工程措施和生物措施来治理水土流失，尽可能做到泥不出沟。陡坡地应退耕还林还草，适当增加一定的经济投入，恢复森林植被和草地。在对黄河危害最大的砒砂岩地区大力营造沙棘水土保持林。妥善解决耕地农民的生产和生活问题，推广节水农业，积极发展林果业、畜牧业和农副产品加工业。

（二）长江上中游地区

该区域生态环境复杂多样，水资源充沛，但水土保持能力差，人均耕地少，且旱地坡耕地多。生态环境建设应以改造坡耕地为主，开展小流域和山系综合治理，恢复和扩大林草植被，控制水土流失，保护天然林资源，停止天然林砍伐，营造水土保持林、水源涵养林和人工草地。有计划地使 25° 以上的陡坡耕地退耕还林还草，25° 以下的坡地改修梯田。合理开发利用水土资源、草地资源和其他自然资源，禁止乱垦滥伐和过度利用，坚决控制人为的水土流失。

（三）三北防护林地区

该区域包括东北西部、华北北部和西北大部分地区。这一地区风沙面积大，多为沙漠和戈壁。生态环境建设应采取综合措施，要大力增加沙区林草植被，控制荒漠化扩大。以三北风沙为主干，以大中城市、厂矿、工程项目为重点，因地制宜兴修各种水利设施，推广旱作节水技术，禁止毁林毁草开荒，采取植物固沙、沙障固沙、引水拉沙造田、建立农田保护网、改良风沙农田、改造沙漠滩地、人工垫土、绿肥改土、普及节能技术和开发可再生资源等各种有效措施，减轻风沙危害。因地制宜，积极发展沙产业。

（四）南方丘陵红壤地区

该区域包括闽、赣、桂、粤、琼、湘、鄂、皖、苏、浙、沪的全部或部分地区，总面积 $120 \times 10^4 km^2$，水土流失面积大，红壤占土壤类型的一半以上，广泛分布在海拔 500m 以下的丘陵岗地，以湘赣红壤盆地最为典型。生态环境建设应采取生物措施和工程措施并举，加大封山育林和退耕还林力度，大力改造坡耕地，恢复林草植被，提高植被覆盖率。山丘顶部通过封山育林治理或人工种植治理，发展水源涵养林，用材林和经济林，减少地表径流，防止土壤侵蚀。林草植被应与用材林、薪炭林等分而治之，以便充分发挥林草植被的生态作用。

（五）北方土石山区

该区域包括京、冀、鲁、豫、晋的部分地区及苏、皖的淮北地区，总面积约 $44 \times 10^4 km^2$，水土流失面积约 $21 \times 10^4 km^2$。生态建设应加快石质山地造林绿化步伐，开展缓坡修整梯田，建设基本农田，发展旱作节水农业，以提高单位面积产量，多林种配置开发荒山荒坡，陡坡地退耕还林还草，合理利用沟滩造田。

（六）东北黑土漫岗区

该区域包括黑、吉、辽大部分及内蒙古东部地区，总面积近 $100\times10^4km^2$，这一地区是我国重要的商品粮和木材生产基地。生态环境建设应采取停止天然林砍伐、保护天然草地和湿地资源、完善三江平原和松辽平原农田林网等主要措施，综合治理水土流失，减少缓坡面和耕地冲刷，改善耕作技术，提高农产品单位面积产量。

（七）青藏高原冻融区

该区域面积约 $176\times10^4km^2$，其中水力、风力侵蚀面积总 $22\times10^4km^2$，冻融面积 $104\times10^4km^2$。绝大部分是海拔 3000m 以上的高寒地带，土壤侵蚀以冻融侵蚀为主。生态建设应以保护现有自然生态系统为主，加强对天然草场、长江源头水源涵养林和原始森林的保护，防止不合理开发。

（八）草原区

我国草原面积约 $4\times10^8hm^2$，主要分布在内蒙古、新、青、川、甘、藏等地区。生态建设应保护好现有林草植被，大力开展人工种草和改良草种，配套建设水利设施和草地防护林网，提高草场的载畜能力。禁止草原开荒种地。实行围栏、封育和轮牧，提高草畜牧产品加工水平。

第四节　自然保护与自然保护区的建设

一、自然保护

（一）基本概念

自然保护开始是以保护动植物为主，到现在已远远超出保护动植物的范围了。人类利用自然，最先发生和发现自然资源衰减问题的是动植物资源，所以动植物的保护也是最先受到注意。在我国近代自然保护中，也反映出这样一种趋向。20 世纪 70 年代以来，由于环境污染和资源的过度利用，在受到了大自然的惩罚之后，才逐渐注意到整体的自然保护问题。

保护这一概念的含义本身也有一个发展过程。最初提出的保护实际上指保管（keeping）和保卫（protection），如我国古代的自然保护措施，“不时”则“不入”“不围”“不取”等。今后所用保护的含义是保存（preservation），不仅要保护现存的生物体，而且还要保护物种及其赖以生存的环境。近代保护的含义才有保护（conservation），所以自然保护是指人类用科学的方法对生态系统和人类文明加以保护，特别是对自然环境和自然资源的保护。

自然保护的中心是保护和科学地开发利用自然资源，做到资源越用越多，越用越好，使人类的经济发展与环境能够进行最大限度地协调。

（二）自然保护的理论基础

生态学是研究生物与环境相互关系的科学，生态系统是研究生物系统与环境系统之间相互关系的一种综合体。自然保护实际上就是对各种生态系统进行保护，而生态平衡理论则是自然保护的理论基础。也就是说在进行自然保护的过程中，一定要以生态学原则为指导，采取行之有效的措施和对策。生态学所揭示的规律和原理是自然保护的理论基础。

1. 物种共生原理

在自然界中存在着性质不同的各种生态系统，各系统以及同一系统内的各种生物都有着错综复杂的联系，特别是在生态位和化学信息通信系统方面。一个系统或系统内一个物种的变化对生态系统的结构和功能均有很大的影响，这种影响有时能在短时间内表现出来，有的则需要较长的时间。充分认识到这一点，提高物种和生态系统的多样性，便能获得更高的互助共生效益。

2. 能量流动和物质循环原理

在自然生态系统中，能量的单向流动和物质循环是生态系统的基本规律。显然能量在生态系统内沿食物链转移时，每经过一次营养级，有一部分能量就要以热能的形式扩散到空气中，无法再次回收利用。因此，在开发利用资源时，应该设计多级利用系统。而物质在生态系统中是循环利用的，这种循环是一切自然生态系统自我维持的基础。如果系统内存在有毒物质，在循环的过程中，有毒物质会在循环过程中放大，对系统和人类均有直接和间接的危害。

3. 物种相生相克原理

生态系统中的相生相克源于系统中的食物链，系统中的能量通过食物链进行转化，物质通过食物链传递，延长食物链，增加食物链的分支，有利于生态系统的稳定和环境保护。

4. 生态位协调稳定原理

生态位主要指某一物种或种群在生态系统内能最大限度的利用环境中的物质和能量的最佳位置，即人们通常所说的给物种在生态系统中定位。生态位和种群是对应的，也就是说一个生态位只能容纳一个特定的生物种群。在自然生态系统中，随着系统的演替向顶极群落阶段发展时，其生态位数目渐增，物种多样性指数增加，空白生态位逐渐被填充，生态位逐渐被饱和，构成复杂稳定和网络结构的生态系统。人工生态系统由于物种单一，生态位不饱和，是一种偏途顶极，当人为控制因素消除后人工生态系统易发生变化，是一种不稳定的生态系统。

5. 边缘效益原理

两个或多个不同生物的地理群落交界处，往往结构复杂，会出现不同生境的种类共生，种的数目和种群密度变化比较大，某些物种特别活跃，生产力相对较高。例如，森林和草原的交接处，鸟的种类很多；在海湾、河口处鱼类最复杂、最活跃；旱涝交替的湖滨，植物适应不良环境的能力较强等，都是自然生态系统的边缘效应。

边缘效应的产生，主要有如下几个原因。

第一，种间竞争：生态系统的演替，是一个不断竞争边缘生态位的过程。凡较适应边缘带环境的或食物链上占优势地位的，以及在共生种间具有促进性他感作用的种群都能得到发展。如果各个物种在边缘带竞争的结果是各司其能，各得其所，相克相生，连环相依，形成高效的物质和能量共生共享网络，那么该边缘带必然物种密集，生产量大。

第二，加成效应：每个生物种在生态系统中实际占有的生态位，由于环境条件的限制，要差于理想生态位，因此，生物具有一种实际生态位向理想生态位靠拢的潜在趋势，边缘带的环境为生物提高实际生态位创造了条件，边缘带具有较优势的生态位，因而种群密度较大，种群较活跃，种群生产力也较高。

第三，协合效应：植物对同一生态因子的利用强度与其他生态因子的状况有关。边缘地带的各种生态因子并不是简单的加成关系，对于某些特定种来说，其固有的生态习性，是在长期的演替过程中，不断地占领边缘，利用边缘而来的，它们一旦与边界异质环境处于合适的生态位相“谐振”时，各个因子之间就会产生强烈的协合效应，使种群增大，生产力增高。

第四，集富效应：边缘地带在生态系统中是多种应力交叉作用的一个子系统，与其他一般子系统相比较，更为复杂、异质和多变，信息较丰富，因而刺激了各子系统中对住处需求高的种群，甚至外系统的种群向边缘地带集结。

（三）保护和开发利用

保护的目的是为了更好地开发利用，而不是单纯保存；保护的目的是尽可能减少破坏，以至于减少自然生态环境治理的费用。开发利用的目的是为了获取长期的经济效益，而不是短期的经济效益，这一点与保护的观点在理论上来讲是相同的。但现实在多数情况下与此观点不相符，主要原因是人们对自然环境和自然资源的理解不够。

1. 关于土地的保护和利用的观点

土地是一种资源，是人类生产和生活活动的场所，具有使用价值，遭破坏后，可用影子价格（既有经过劳动，又有未经过劳动的同一类物品同时作为商品进入市场的时候，前者就成为后者的一种影子价格）来衡量对土地所造成的经济损失。

对于土地的利用，应根据土地的质地、结构、地貌、土壤肥力等因子来研究土地的用途。因土地的质量与植被的破坏、草原的退化、利用强度等因素紧密相关，因此，对土地的保护首先应注重植被的保护，利用也应充分考虑不要破坏自然植被，这是一条利用和保护土地的原则。

2. 关于生物资源的保护和利用的观点

生物资源包括植物、动物和微生物 3 个成分。处理保护和利用关系的关键在于如何认识生物在保护环境中的重要作用，如何做到生物资源的可持续发展。

森林是重要的生物资源，除能提供木材外，在环境保护中还具有涵养水源、保持水土、防风固沙、调节气候、维持碳氧平衡、阻滞粉尘、净化大气、美化环境等功能，因此利用森林资源时应权衡直接的经济效益和间接的生态效益。对森林资源的开发利用，最好的方法应是分而治之，即把集经济效益和生态效益于一体的森林合理地分解为生态防护林和集约经营林。对动物的开发利用也同样如此。

微生物是很宝贵的生物资源，除降解动植物有机体残体外，还能降解环境中的有害物质，净化污水。微生物的净化污水的这一重要作用，在污水的生物处理中应用相当广泛。例如，优势菌处理印染废水中水解池的脱色，有机污染物在海水中的生物降解，氯代芳香化合物的生物降解，造纸废水中有机氯化物的酶处理，等等。

3. 关于矿产资源的保护和利用的观点

矿产是指在地球岩石中，那些组成岩石的矿物具有一定用途和开采价值，便形成矿产，矿产是社会生产发展的重要物质基础，所以又称矿产资源。随着人类社会不断向前发展，人类正在迅速地消耗着各地质年代逐渐富集和储藏起来的矿产资源。由于矿产资源的地质过程非常缓慢，所以被称之为不可更新资源。对于不可更新资源的利用，要以节约为主，因为矿产资源的再循环利用比较困难，有些几乎是不可能的。

二、自然保护区

（一）基本概念

自然保护区，是指在一定的自然地理景观或典型的自然生态类型地区划出一定的范围，把受国家保护的相应自然资源，特别是珍贵稀有濒危灭绝的动植物资源，以及代表不同自然地带的自然环境和生态系统保护起来，这样划分出的地区范围就叫作自然保护区。

（二）自然保护区的意义

自然界中各种生态系统，都是生物及其环境在长期的历史发展过程中形成的，在各种自然地带保留下的具有代表性的天然的生态系统，是大自然留给人类的遗产，是极为珍贵的自然界原始“本底值”。

1. 自然保护区是生物物种的天然贮存库

具有一定面积的自然保护区能够保存各种生物赖以生存的环境条件，可为人类未来的各种需要提供宝贵的“基因”材料。目前，世界上有许多生物种由于自然条件变化或人为的干预，已处于稀有和濒临灭绝的状态，建立自然保护区，对于保护这些物种的繁衍极为重要。

2. 自然保护区对维护自然环境生态平衡有一定的作用

自然保护区由于受到了人们的特殊保护，使得自然保护区内的生物物种也能更好地生长发育，发挥生态效益。

3. 自然保护区是科研、教育和旅游的重要基地

自然保护区内有珍稀的动植物物种，有典型的自然景观，能为科研、教学和旅游提供基地。

（三）自然保护区的发展

1. 保护区的国际发展现状

随着保护事业的发展以及在人类社会中日益增长的重要地位，自然保护区的数量和面积迅速增多，国际性保护组织随之产生并在不断地扩展和完善中。如国际自然和自然资源保护联盟（International Union for Conservation of Nature and Natural Resources IUCN，1984），它的主要目的在于促进解决对世界范围内的自然资源的保护和合理利用的问题；世界自然基金会（World Wild Fund for Nature，WWF），前身是世界野生生物基金会，目的是依靠捐款来资助保护项目；人与生物圈计划（Man and Biosphere Programme MAB，1968），宗旨是让社会科学与自然科学结合起来，通过全球性的科学研究、培训及信息交流，为生物圈自然资源的合理利用和保护提供科学依据；联合国环境规划署（United Nations Environment Programme UNEP，1973），目标是通过多学科研究，为生物圈资源的综合与合理管理和保护人类本身及其生态系统提供先进的知识，为保护与改善生态环境而努力。之后，许多重要国际自然保护指导性文件相继问世，保护区类型系统得到了长足发展，各种国际性保护公约相继签订。

2. 国内的发展现状

我国的自然保护区在 20 世纪五六十年代，其数量和面积均比较少，到 70 年代，保护区在数量和面积上均没有变化，70 年代以后，保护区的数量和面积增加了许多。此外，保护区的类型已由单一的禁伐区发展到了数 10 个类型，如科学保护区、国家公园和省级公园、自然纪念物、自然资源保护区、需保护的陆地和水域景观、自然生物区、多种用途的经营区、生物圈保护区、世界遗产地等。

（三）自然保护区学科面临的问题

1. 资源问题

虽然我国疆域辽阔、资源丰富，但由于开发历史悠久，有不少地方的资源处于恶性循环之中；人口众多，眼前利益要求迫切，对资源压力甚大；许多地方生态系统脆弱，自我调节能力低；对生物资源属性的认识不足，利用与管理水平低。所以，我国资源及其生境的破坏十分严重，并在持续加剧之中。

2. 保护概念的演变问题

在国家公园初建时期，自然保护的概念只是作为保护起来一块供旅游欣赏的场所，只具有保存的意思。到 20 世纪 40 年代末国际自然和自然资源保护联盟成立时认为自然保护是明智与合理地利用自然与自然资源，因为不利用自然与自然资源人类就无法维持生活。1978 年在 IUCN 第十四届大会上，对自然保护的概念认为是“对人类所利用的生物圈及其内的生态系统和物种的管理，旨在使它们既可为当代人提供最大的持续利益，又可为世世代代保持满足他们需要和渴望的潜力”，并把永续发展作为自然保护的一个组成部分。1980 年在《世界自然资源保护大纲（World Conservation Strategy，WCS）》中对该定义进一步明确保存、维护、永续利用、恢复和对自然环境的改善。

3. 经营管理的问题

已建的保护区大多数没有经营或经营水平低，保护区的作用没有得到发挥。

4. 威胁的问题

威胁是指自然界某些具有价值的特点处于降质或破坏的危险之中。它是当前自然保护上存在的最大、最严重、最亟待解决的大问题。

第五节 环境污染的特征

环境本身就具有一定的自净能力，当人为或自然因素向环境中排放的有害物质超过自然环境的自净能力时就会出现环境污染，造成环境污染的主要因素是人为因素。环境遭到污染之后，生物有机体的生存环境恶化，高浓度的污染物质会产生急性中毒，如伦敦烟雾事件（1952）、日本水俣病事件（1956）等。低浓度的污染物质会通过食物链的传递而产生放大作用，即生物放大。有些污染物质，如重金属元素进入生态系统之后就很难被微生物降解，而现有的物理措施因费用高，现有的化学措施因难持久等特点，未被广泛推广应用，较有效的生物整治措施也正处于探索之中。总之，污染物质具有影响时间长、波及面积大、难治理等特征。

一、水体污染

（一）水体污染

水体有两个含义：一般是指河流、湖泊、沼泽、水库、地下水、海洋的总称；在环境学领域中则把水体当作包括水中的悬浮物、溶解物质、底泥和水生生物等完整的生态系统或完整的综合自然体来看。在环境污染的研究中，区分“水”与“水体”的概念十分重要。例如，重金属污染物易于从水中转移到底泥中，水中重金属的含量一般都不高，若着眼于水，似乎未受到污染，但从水体看，可能受到较严重的污染，使该水体成为长期的次生污染源。研究水体污染主要是研究水污染，同时也研究底质（底泥）和水生生物体污染。所谓水污染是指排入水体的污染物使该物质在水体中的含量超过了水体的本底含量和水体的自净能力，破坏了水体原有的用途。

（二）水体污染物

1. 需氧污染物

生活污水和某些工业废水中所含的碳水化合物、蛋白质、脂肪和木质素等有机化合物可在微生物作用下最终分解为简单的无机物质，这些有机物在分解过程中需要消耗大量的氧气，故被称之为需氧污染物。需氧有机物是水体中最经常存在的一种污染物。

（1）溶解氧（DO）是水质的重要参数之一，也是鱼类等水生动物生存的必要条件。一般鱼类生活所需的氧量视鱼种、发育阶段、活动强度和水温等因素而定。由于各种因素的影响，水中 DO 含量变化很大，在一天之中也不相同。主要影响因素有：再充气过程、光合作用、呼吸和有机废物的氧化作用。再充气过程与水中的 DO 含量有关，当 DO 含量与水中氧的溶解差距越大时，复氧常数增大。水生植物的光合作用在白昼进行并产生氧，也会使水中的 DO 增加。水生生物的呼吸作用消耗水中的氧而使 DO 减少。当水体污染程度较低时，好气性细菌使有机废物发生氧化分解而逐渐消失，因此 DO 减少到一定含量后而不再下降。但如污染比较严重，超过水体自净的能力，则水中 DO 耗尽，从而发生厌气性细菌的分解作用，同时水面常会出现黏稠的如絮状物使与空气隔开，妨碍再充气过程的进行，此时水中 DO 不足，严重时可能会引起鱼类等水生动物的死亡。

（2）生化需氧量（BOD）是指微生物分解水体中有机物质的生物化学过程中所需溶解氧的量。BOD 有两种形式，一是 BOD 用，表示经过时间 t 所耗用的氧量；一是 BOD 余，表示该时刻水中所剩余的生化需氧量。它们均为时间 t 的指数函数。

有机废物中亚硫酸盐、亚硝酸盐和硫化物等在一天内可氧化完成；烃的氧化需 7~10 天才能完成，某些有机物完全氧化需 20 天左右。因此，目前水质标准采用在 20℃下分解 5 天所需耗用的氧量，用 BODS 表示，它通常占 BOD 总量的 70% 左右。

BOD 是水质管理中的一个非常重要的指标，一般生活污水的 BOD_5 约为 200μg/g，工业废水的 BOD_5 每克高达数千微克，在 20℃时水中溶解的饱和浓度为 10μg/g 左右，水中的 DO 很快会被污水耗尽而引起水生动物死亡和厌气分解。

（3）化学需氧量（COD）是指水样在规定条件下用氧化剂处理时，其溶解性或悬浮性物质消耗该氧化剂的量。也是管理中的一个非常重要的指标，家禽养殖场、印染厂、皮革厂、化工厂等的废水中，COD 的浓度较高。

2. 水体富营养物

湖泊、水库等水域的基本水质问题是富营养化。富营养化的一个重要标志是由于营养物质的刺激，使浮游生物，特别某些蓝藻、绿藻和硅藻的大量繁殖，在水面形成稠密的藻被层；同时，大量死亡的藻类会沉积在底部，进行耗氧分解，使水中溶解氧下降，引起鱼类和其他水生动物的死亡。湖泊、水库中的营养物主要指能够促进藻类大量生长和繁殖，并导致湖泊富营养化的物质，如氮、磷等。形成湖泊、水库富营养化的营养源主要来自3个方面：由地面径流输入的营养源；由降水、降尘输入的营养源；由城市或工业污水输入的营养源。

地面径流产生的营养负荷取决于土地类型、地形、土壤特征、植被及土地利用方式等因素。降水的营养负荷可以通过对历次降水中的营养物质含量的监测和降水量监测来计算。人为的营养负荷主要分为两部分：生活污水中的营养负荷和工业废水中的营养负荷。

3. 重金属

在重金属中以汞毒性最大，镉次之，铅、铬、砷也有相当大的毒害作用，是污水排放中不许稀释排放的污染物质。重金属污染物最主要的特性是在水体中不能被微生物降解，而只能发生各种形态之间的相互转化，以及分散和富集的过程。这些过程统称为重金属迁移。

4. 酚类化合物

水体中酚的来源主要是冶金、煤气、炼焦、石油化工、塑料等工业排放的含酚废水。由于各种工业的原料、工艺、产品不同，各种含酚废水的浓度、成分、水量都有较大的差别。另外，粪便和含氮有机物的分解过程中也产生少量酚类化合物，所以城市生活污水也是酚污染物的来源。例如，经常摄入的酚量超过解毒能力时，人会慢性中毒，而发生呕吐、腹泻、头疼头晕、精神不安等症状。水中含0.1~0.5mg/L酚时，对鱼类虽然无直接毒害，但能使鱼肉异味而影响食用。有时吃鱼时遇到的异味就是酚。

5. 氧化物

水体中氧化物主要来自化学、电镀、煤气、炼焦等工业排放的含氯废水。氯化物是剧毒物质，一般人只要误服0.1g左右的氯化钾或氯化钠便立即死亡。含氯废水对鱼类有很大毒性，当水中CN^-含量达0.3~0.5mg/L时，鱼可死亡。生活污水中氧化物不许超过0.05mg/L。

6. 酸雨及一般无机盐类和放射性物质

酸性废水主要来自矿山排水、冶金和金属加工酸洗废水和雨水淋洗含SO_2烟气后流入水体的酸雨。碱性废水主要来自碱法造纸、人造纤维、制碱、制革等工业废水。酸、碱废水彼此中和，可产生各种盐类，它们与地表物质反应也能生成一般无机盐类，所以酸碱污染必然带来无机盐类污染。酸、碱废水破坏水体的自然缓冲作用，消灭或抑制细菌及微生物的生长，妨碍水体的自净功能，腐蚀管道和船舶。酸碱污染还改变了水体的pH值，增加了水的硬度。

大多数水体在自然状态下都有极微量的放射性。第二次世界大战后，由于原子能工业，特别是核电站的发展，水体的放射性日益增高。此外，水体中的污染物还有农药、病原微生物和致癌物等。

四、海洋污染

（一）海洋污染

海洋污染通常指由于人类的活动改变了海洋原来的状态，使人类和生物在海洋中的各种活动受到不利的影响。海洋的状态一般可由物理、化学和生物三方面表示。

海水的温度、含盐量和透明度是物理属性；pH 值、溶解氧、氧化还原电位等是化学属性；生物种类、数量、分布状况及生物间的相互关系等是生物属性。

（二）海洋污染的特点

1. 污染源广

人类活动产生的废物不管是扩散到大气中还是弃在陆地或排入河流，受各种因素的影响，最后都会进入海洋。

2. 持续性强

与大气污染和河流污染相比，海洋的污染很难或不可能转移到其他场所，相反还要接受来自大气、陆地和河流的污染物质。所以，一些未溶解的和不易分解的物质长期在海洋中蓄积着，并且随着时间的推移越积越多。

3. 扩散范围大

工业废水排入海洋后，其密度比海水小而浮在上面，不立即互相混合，须通过潮流和其他涡流的作用，它们才逐渐混合起来；然后，又通过由低纬度流向高纬度和由深层流向赤道的海流把混入海水中的污染物质带到很远的海域去。例如，从北冰洋和南极洲捕获的鲸鱼中分别检出了 0.2mg/kg 和 0~5mg/kg 的多氯联苯。

4. 控制复杂

上述海洋污染的 3 个特点决定了海洋污染控制的复杂性。要防止和消除海洋污染，必须进行长期的监测和综合研究，对污染源进行管理，包括对工业的合理布局和资源的综合利用，以防为主。

第六节　环境污染对生物的影响

生物的生存环境被污染后，生物体内的毒物含量会逐渐积累。当富集到一定数量后，生物就开始出现受害症状：生理、生化过程受阻，生长发育停滞，最后导致死亡。

一、对植物的影响

（一）对植物吸收的影响

污染物能影响植物根系对土壤中营养元素的吸收，原因是污染物能改变土壤微生物的活性，也能影响酶的活性。在盆栽水稻时，土壤酶活性与添加铅浓度呈显著负相关，如蛋白酶、蔗糖酶、B 葡萄糖苷酶、淀粉酶等。但是脲酶则随 Pb-Cd 浓度升高而增加，呈明显正相关。

污染物对土壤酶的抑制有两方面的原因。首先，是污染物进入土壤对酶产生直接作用，使得酶的活性基团、酶的空间结构等受到破坏，单位土壤中酶的活性下降；其次，是污染物通过抑制微生物的生长、繁殖，来减少体内酶的合成和分泌，最终使单位土壤中酶活性降低。

由于土壤微生物和酶活性的变化，影响土壤中某元素的释放和可给态量。污染物能抑制植物根系的呼吸作用，影响根系吸收能力。研究表明，镉能明显影响玉米幼苗对氮、磷、钾、钙、镁、铁、锌、铜的吸收，使玉米幼苗体内氮、磷、锌的含量降低。

（二）对植物细胞超微结构的影响

植物在受到重金属或其他污染物的影响而还未表现出可见症状之前，在组织和细胞中已发现生理生化和亚细胞显微结构等微观方面的变化。

1. 铅、镉诱导玉米根、叶细胞核的变化

经 10μg/g 镉处理 5 天后，可观察到细胞核变形、外膜肿大、内腔扩大，严重的核膜内陷；在 25μg/g 镉处理时，可观察到核的变形肿胀，核仁碎裂趋向。

2. 镉、铅诱导玉米根、叶线粒体结构的变化

对照玉米幼根的线粒体具有完整的外膜，线粒体无肿胀，内腔中有许多嵴突。5μg/g 镉处理玉米 5 天后，线粒体结构无明显变化；10μg/g 镉处理 5 天后，线粒体出现受害症状，表现为凝聚性线粒体膜扩张，内腔中嵴突消失，出现颗粒状内含物，中心区出现空泡。玉米叶线粒体也出现同样受害症状，100μg/g 铅处理 5 天后，线粒体没有明显受害症状，但经 500μg/g 处理时，线粒体高度肿胀，腔内出现了絮状沉积物。

3. 镉、铅对叶绿体超微结构的影响

对照植物叶绿体单层排列在细胞内壁表面，叶绿体为长椭圆形，由许多基粒片层及基质片层组成。但经镉、铅污染后，叶绿体结构发生明显变化，在低浓度处理时（10μg/g 镉、100μg/g 铅处理 5 天）叶绿体首先表现出基粒片层稀疏，层次减少，分布不均；经 25μg/g 处理后，基粒片层很多消失，类囊体空泡，基粒垛叠混乱等。

（三）对种子生活力的影响

用镉处理种子后，发芽率下降，蛋白水解酶活性受到抑制，根尖细胞有丝分裂频率随着种子中镉积累的增加而下降。

（四）对植物生长发育的影响

不同浓度的 Hg^{2+} 对水稻种子胚根生长有明显的抑制作用，15μg/g 和 20μg/g 对胚根的纵向生长具有强烈的抑制作用。镉对水生植物伸长也有明显的抑制作用，随着镉浓度增大，根的增加量相应减少，增长率降低、断根增加。镉的这种抑制作用是由于根尖生长点的细胞分裂受到抑制而使根尖受害，降低了根的吸收功能。加上植物叶片褪色，光合作用减弱，最终导致了生物产量的降低。

污染物对植物发育的影响以花期最为明显。植物产量也受污染物浓度的影响，浓度越高，产量越低。

（五）对植物生理生化的影响

1. 对细胞膜透性的影响

污染物能影响细胞膜的透性，从而影响植物对营养物质的吸收。O_3 也能破坏细胞膜的透性，能将质膜上的蛋白质（胱氨酸、蛋氨酸、色氨酸、酪氨酸）的活性基团和不饱和脂肪酸的双键氧化，使质膜透性增加。

2. 对光合作用的影响

污染物对光合作用的影响，是植物受害的主要原因。以二氧化硫为例，一方面，它抑制二磷酸核酮糖羧化酶的活性，阻止对 CO_2 的固定；另一方面，使光学系统Ⅱ和非环式光合磷酸化受阻，影响 ATP 的合成，使光合作用下降。

重金属对植物光合作用的影响也是比较广泛的。如 Pb^{2+} 能抑制菠菜叶绿素中光合电子传递，抑制光合作用中对 CO_2 的固定；CO_2 主要抑制光化学系统Ⅱ的电子运转，影响光合磷酸化作用，并增加叶肉细胞对气体的阻力，使光合作用下降。

3. 对呼吸作用的影响

污染物能使呼吸作用下降，叶绿素 a 与叶绿素 b 的比值下降。

4. 对植物化学成分的影响

植物受 SO_2 污染后，总氮量与蛋白质含氮量均下降，且蛋白质中氮量下降要比总氮量下降更明显，这种下降率随处理时间的延长而增加。

植物体营养成分也受重金属的影响。镉在蚕豆种子内的积累，能明显影响种子中氨基酸含量。

二、对动物的影响

重金属元素能严重影响和破坏鱼类的呼吸器官，导致鱼类的呼吸机能减弱。首先这些重金属元素能黏积在鱼的表面，造成鱼类的上皮和黏液细胞的贫血和营养失调，从而影响对氧的呼吸和降低血液输送氧气的能力；重金属还能降低血液中呼吸色素的浓度，使红细胞减少。

用亚致死剂量镉处理蝶鱼，有明显的贫血反应。甲基汞使血红蛋白、血浆中的 Na^+ 和 Cl^- 增加。Cd^+ 能干扰肝脏对维生素 B_1 的正常储存。

污染物对动物内脏的破坏作用极明显。某些污染物，如 Pb、Cd 还能使鱼脊椎弯曲。有机氯农药对鱼类、水鸟、哺乳动物的繁殖有严重影响，能使许多鸟类蛋壳变薄。

三、对人的影响

氟是环境中主要污染物之一，在氟污染地区常引起氟中毒。氟引起的疾病有斑釉齿、骨质硬化症、甲状腺肿瘤等。人体每天摄取 8~10mg 以上氟就会出现氟骨症，具体症状有：骨硬化（棘突、骨盆、胸廓）；不规则骨膜骨的形成；异位钙化（韧带、囊、骨间膜、肌肉附着部位、肌腱）；伴随骨髓缩小的骨密质增厚、密度增大；不规则骨赘；肌肉附着部位显著和粗糙等。

铅中毒会引起贫血是因为亚铁螯合酶被干扰，使细胞和线粒体对铁的摄取量和利用率下降，这就干扰卟啉对铁的螯合，抑制血了红素的合成。

镉能引起骨痛，骨痛病者大多身材矮小，伴随脊椎与胸腔变形；大多出现末梢神经障碍；有红色素性贫血；肾小管功能障碍及中度肾小球障碍；低血压；肾小管钠再吸收障碍。大气中镉浓度在 $50\mu g/m^3$ 以下时，对健康不会有影响，含镉 0.3mg/kg 以上的大米就不能食用。

铬及其化合物能引起染色体畸变，其中六价铬的诱变率大于三价铬。

砷能致癌，特别是肺癌。SO_2 有促癌作用，原因是亚硫酸离子容易与核酸中的嘧啶碱基发生反应，由亚硫酸离子和氧生成的游离基，还能切断脱氧核糖核酸（DNA）链等作用，亚硫酸对核酸的另一作用是因为 DNA 中胞嘧啶不可逆地变为尿嘧啶，导致遗传信息变化而引起突变。

有机化合物进入机体后的毒理机理有两方面，其一是毒性来自本身的化学结构，如生物碱、氯仿、乙醛等，毒害作用相当于物质本身的生理毒性。该物质毒害作用的大小取决于进入生物体内的数量。其二是毒性与代谢有关，大部分慢性毒物属这一类。这类毒物进入生物体后，在酶的作用下，能产生不可逆的化合物，使蛋白质的化学特性发生改变，导致组织坏死和变态；而核酸的化学特性改变能破坏细胞正常传递遗传信息，引起细胞突变、死亡，组织出现肿瘤。进一步研究这类物质对核酸特别是DNA的作用，证明是因为和形成氢键的碱基对的碱基直接结合，使AT、CG键不能形成，遗传信息的转录和正常的DNA复制就不能进行，结果导致细胞突变和组织癌变。

有机污染物中的有机磷农药，能在体内产生抑制酶的代谢产物。这种代谢产物常可引起急性神经障碍症状。

苯并[a]芘偶氮色素是一种强烈的致癌物质。亚硝基化合物的致癌作用虽不比某些化合物强，但由于广泛存在于生活环境中，所以是一类很危险的化合物。

第七节　环境污染的生态治理

生态治理是污染治理中的最高治理境界，它强调清洁工艺生产，对资源进行多级利用，实现可持续发展的目标，也是21世纪对环境进行综合整治的研究热点和主要方法，是一种治本的措施。

一、水污染的生态治理

（一）活性污泥法

1. 废水生物处理

废水生物处理是通过微生物的新陈代谢作用，将废水中有机物的一部分转化为微生物的细胞物质，另一部分转化为比较稳定的化学物质（无机物或简单有机物）的方法。无论何种生物处理系统，都包括3个基本要素，即作用者、作用对象和环境条件。生物处理的主要作用者是微生物，特别是其中的细菌。根据生化反应中氧气的需求与否，可把细菌分为好氧菌、兼性厌氧菌和厌氧菌。主要依赖好氧菌和兼性厌氧菌的生化作用来完成处理过程的工艺，称为好氧生物处理法；主要依赖厌氧菌和兼性厌氧菌的生化作用来完成处理过程的工艺，称为厌氧生物处理法。但是在绝大数情况下，生物处理的主要作用对象（即充作微生物营养物质的化学物质）为可生化的有机物；仅在个别情况下，生物处理的主要对象可以是无机物（如好氧条件下进行的硝化处理对象是氮，厌氧处理条件下进行的反硝化处理的对象是硝酸盐）。

生物处理需要提供众多的环境条件，但从处理方法的分类角度看，最基本的环境条件当属氧的存在或供应与否。好氧生物处理必须充分供应微生物生化反应所必需的溶解氧；而厌氧生物处理过程则必需隔绝与氧的接触。由于受氧的传递率的限制，微生物进行好氧生物处理时有机物浓度不能太高。所以有机固体废弃物、有机污泥、有机废液及高浓度有机废水的生物处理，自然是在厌氧条件下完成的。

（1）好氧生物处理。

在废水好氧生物的处理过程中，氧是有机物氧化时的最后氢受体，正是由于这种氢的转移，才使能量释放出来，成为微生物生命活动和合成新细胞物质的能源，所以，必须不断地供给足够的溶解氧。

对好氧生物处理时，一部分被微生物吸收的有机物氧化分解成简单的无机物（如有机物中的碳被氧化成二氧化碳，氢与氧化合成水，氮被氧化成氨、亚硝酸盐和硝酸盐，磷被氧化成磷酸盐，硫被氧化成硫酸盐等），同时释放能量，作为微生物自身生命活动的能源；另一部分有机物则作为其生长繁殖所需的构造物质，合成新的原生质。

（2）厌氧微生物处理。

有机物的厌氧分解过程分为两个阶段。在第一阶段中，发酵细菌（产酸细菌）把存在于废水中的复杂有机物转化成简单有机物（如有机酸、醇类等）和 CO_2、NH_3、H_2S 等无机物。在第二阶段中，首先由与甲烷菌共生的产氢、产乙酸将单键有机物转化成氢和乙酸；再由甲烷细菌将乙酸（以及甲醇、甲酸和甲胺）转化成 CH_4 和 CO_2 等。

在厌氧分解过程中，由于缺乏氧作为氢受体，对有机物分解不彻底，代谢产物中包括众多的简单有机物。

2. 活性污泥基本原理

（1）活性污泥与活性污泥法。

有机废水在经过一段时间的曝气后，水中会产生一种以好氧菌为主体的茶褐色絮凝体，其中含有大量的活性微生物，这种污泥絮体就是活性污泥。活性污泥是以细菌、原生动物和后生动物所组成的活性微生物为主体，此外还有一些无机物、未被微生物分解的有机物和微生物自身代谢的残留物。活性污泥结构疏松，表面积很大，对有机污染物有着强烈的吸附凝聚和氧化分解能力。在条件适当的时候，活性污泥还具有良好的自身凝聚和沉降性能，大部分絮凝体在 0.02~0.2mm 范围内。从废水处理角度来看，这些特点都是十分可贵的。

活性污泥法就是以含于废水中的有机污染物为培养基，在有溶解氧的条件下，连续地培养活性污泥，再利用其吸附凝聚和氧化分解作用净化废水中的有机污染物。普通活性污泥法处理系统由以下几部分组成。

①曝气池在池中使废水中的有机污染物质与活性污泥充分接触，并吸附和氧化分解有机污染物质。

②曝气系统供给曝气池生物反应所必需的氧气，并起混合作用。

③二次沉淀池用以分离曝气池出水中的活性污泥，它是相对初沉池而言的，初沉池设于曝气池之前，用以去除废水中粗大的原生悬浮物。悬浮物少时可以不设，但家禽养殖场、医院等最好设一个初沉池。

④污泥回流系统把二次沉淀池中的一部分沉淀物再回流到曝气池，以供应曝气池赖以进行生化反应的微生物。

⑤曝气池内污泥不断增殖，增殖的污泥作为剩余污泥从剩余污泥排放系统排出。

⑥活性污泥净化废水的能力强、效率高、占地面积少、臭味轻，但产生剩余污泥量大、对水质水量的变化比较敏感、缓冲能力弱。

（2）活性污泥增长特点与净化作用。

废水中的有机物（即食料）和活性污泥（即微生物）的比值控制得适当时，活性污泥量的变化经历对数增长、增殖衰减和内源呼吸这个阶段。在未充分适应基质条件时，开始还会有一个迟缓期。对数增长阶段是有机物按最大速率的降解阶段，其特点是微生物的营养丰富、活性强、污泥增长不受营养条件的限制；但此时凝聚性能差，分离效果不好，因而处理效果差。这种情况出现在高负荷活性污泥系统。增殖衰减阶段是由于营养条件限制了活性污泥的增长，因而增长速率逐渐下降。在这种情况下，污泥的凝聚沉降性能较好。内源呼吸阶段由于营养缺乏，微生物开始代谢自身原生质。在废水生物处理中，主要运行范围在增殖阶段，如果要得到高稳定的出水，也可利用内源呼吸阶段。

活性污泥净化废水的作用是由于吸附和氧化两个阶段完成的，在废水处理中，要使活性污泥保持良好状态，吸附凝聚和氧化分解应保持适当的平衡。只要条件适当，活性污泥在与水初期接触的20~30min内，就可以去除75%以上的BOD，这种现象称为活性污泥的初期吸附或生物吸附。初期吸附的基本原因，在于活性污泥具有巨大的表面积，且表面具有多糖类黏液层。如果废水中悬浮的或胶体的有机物多，则这种初期吸附去除的比率就大。此外，还与污泥的状态有关，如果原吸附于污泥上的有机物代谢彻底，则二次吸附时的吸附量就大。但若回流污泥经历了长时期曝气，使微生物进入了内源吸附期，活性降低，则再吸附能力也降低，亦即初期吸附量也就低。

活性污泥的作用主要是氧化分解在吸附段吸附的有机物，同时也继续吸附残余物质。氧化分解作用相当慢，所需时间比吸附时间长得多，可见曝气池的大部分容积是在进行有机物的氧化和微生物的合成。

活性污泥中的菌胶团以及常见的产碱杆菌、无色杆菌、黄杆菌、假单胞菌等，都是易形成絮凝体的。但是在营养水平高的条件下，由于细菌活力强，难以结合成絮凝体。只有在营养相对不足和能量水平较低的情况下，细菌活力低、运动能力弱，彼此才易结合成絮凝体。在活性污泥混合液中，如果营养与污泥之间的比值高，微生物处于对数增长期，能量水平高，污泥凝聚性能差；反之，营养与污泥微生物比值低，致使微生物增长处于增长下降段或其后期，此时由于能量水平低，故易于凝聚。普通活性污泥法的曝气池的末端即呈现后一状态。

（二）生物膜法

1. 概述

生物膜法和活性污泥法一样，同属于好氧生物的处理方法。但活性污泥法是依靠曝气池中悬浮流动着的活性污泥来净化有机物的，而生物膜法是依靠着生于固体介质表面的微生物来净化有机物的，因而这种方法称为生物过滤法。

生物膜法具有以下几个特点：固着于固体表面上的微生物对废水水质、水量的变化有较强的适应性；和活性污泥法相比，管理较方便；由于微生物附着于固体表面，即使增殖速度慢的微生物也能生息，构成了稳定的生态系统。高营养级的微生物越多，污泥量自然就越少。一般认为，生物过滤法比活性污泥法的剩余污泥量要少。

生物膜法分为以下 3 类：①润壁型生物膜法。废水和空气沿固定的或转动的接触介质表面的生物膜流过，如生物滤池和生物转盘等。②浸没型生物膜法。接触滤料固定在曝气池内，完全浸没在水中，采用鼓风曝气。③流动床型生物膜法。使附着有生物膜的活性炭、砂等小粒径接触介质悬浮流动于曝气池内。

2. 基本原理

（1）生物膜的形成及特点。

在净化构造物中，填充着数量相当多的挂膜介质，当有机废水均匀地淋洒在介质表层上时，会沿介质表面向下渗流，在充分供氧的条件下，接种的或原存在于废水中的微生物就在介质表面增殖。这些微生物吸附水中的有机物，迅速进行降解有机物的生命活动，逐渐在介质表面形成黏液状的物质，有极多微生物的膜，即称之为生物膜。

随着微生物的不断繁殖增长，以及废水中悬浮物和微生物的不断沉积，使生物膜的厚度不断增加，其结果是使生物膜的结构发生变化。膜的表层和废水接触，由于吸取营养和溶解氧比较容易，微生物生长繁殖迅速，形成了由好氧生物和兼氧生物组成的好氧层（1~2mm）。在其内部和介质接触的部分，由于吸取养料和溶解氧的供应条件差，微生物生长繁殖受到限制，好氧微生物难以生活，兼性微生物转为厌氧代谢方式，某些厌氧微生物恢复了活性，形成了由厌氧微生物和兼性微生物组成的厌氧层。厌氧层是在生物膜达到一定厚度时会出现的，随着生物膜的增厚和外伸，厌氧层也随着变厚。

在负荷低的净化构造物内，由于有机物氧化分解比较完全，生物膜的增长速度较慢，好氧层和厌氧层的界限并不明显。但在高负荷的净化构造物内，生物膜增长迅速，好氧层和厌氧层的分界比较明显。

在处理的过程中，生物膜总是在不断地增长、更新、脱落。造成生物膜不断脱落的原因有：水力冲刷、由于膜增厚造成重量的增大、原生动物的松动、厌氧层和介质的黏结力较弱等。其中以水力冲刷最为重要。从处理要求看，生物膜的更新脱落是完全必要的。

生物膜是由细菌、真菌、藻类、原生动物、后生动物以及一些肉眼可见的蠕虫、昆虫的幼虫组成。生物膜是生物处理的基础，必须保持足够的数量。一般认为，生物膜厚度介于 2~3mm 时较为理想。生物膜太厚，会影响通风，甚至造成堵塞。厌氧层一旦产生，会使处理水质下降，而且厌氧代谢产物会恶化环境卫生。

（2）生物膜中的物质迁移。

由于生物膜的吸附作用，在其表面有一层很薄的水层，称之为附着水层。附着水层内的有机物大多已被氧化，其浓度比滤池进水的有机物浓度低得多。因此，进入池内的废水沿膜面流动时，由于浓度差的作用，有机物会从废水中转移到附着水层中去，进而被生物膜所吸附。同时，空气中的氧在溶入废水后，继而进入生物膜。在此条件下，微生物对有机物进行氧化分解和同化合成，产生的二氧化碳和其他代谢产物有部分溶入附着水层，一部分析出到空气中去，如此循环往复，使废水中的有机物不断减少，从而得到净化。

在向生物膜细菌供氧的过程中，由于存在着气–液膜阻抗，因而速度慢。所以随着生物膜厚度的增大，废水中的氧将迅速地被表层的生物膜所耗尽，致使其深层因氧不足而发生的厌氧分解，积蓄了 H_2S、NH_3、有机酸等代谢产物。但当供氧充足时，厌氧层的厚度是有限度的，此时产生的有机酸类能被异养菌及时地氧化成 CO_2 和 H_2O，而 NH_3 和 H_2S 被自养菌氧化成 NO_2^-、NO_3^- 和 SO_4^{2-} 等，仍然维持着生物膜的活性。若供氧不足，从总体上讲，厌氧菌将起主导作用，不仅丧失好氧生物分解的功能，而且将使生物膜发生非正常的脱落。

（3）生物膜净化废水的原理。

生物膜蓬松和絮状结构，微孔多表面积大，具有很强大的吸附能力。生物膜微生物以吸附和沉积于膜上的有机物为营养。增殖的生物膜脱落后进入废水，在二次沉淀池中被截留下来，成为了污泥。如果有机物负荷比较高，生物膜对吸附的有机物来不及氧化分解时，能形成不稳定的污泥，这类污泥需要进行再处理，其处理水的 NO_3^- 可在 2mg/L 左右，BOD_5 去除率为 60%~90%。若负荷低，废水经过处理后，BOD_5 可降低到 25mg/L 以下，硝酸盐（NO_3^-）含量在 10mg/L 以上。

（三）厌氧生物处理法

在断绝与空气接触的条件下，依赖兼性厌氧菌和专性厌氧菌的生物化学作用，对有机物进行生化降解的过程，称为厌氧生物处理法或厌氧消化法。

若有机物的降解产物主要是有机酸，此过程称为不完全的厌氧消化，简称为酸发酵或酸化。若进一步将有机酸转化为以甲烷为主的生物气体，此全过程称为完全的厌氧消化，简称为甲烷发酵或沼气发酵。

厌氧生物处理法的处理对象是：高浓度有机工业废水、城镇污水的污泥、动植物残体及粪便等。早期的处理构筑物有双层沉淀池、普通消化池和高速消化池。近年来又发展了一些新型的工艺，如厌氧接触系统、厌氧生物滤池、厌氧污泥床等。

厌氧生物处理的方法和基本功能有：①酸发酵的目的是为了进一步进行生物处理提供易生物降解的基质；②甲烷发酵的目的是进一步降解有机物和生产气体燃料。完全的厌氧生物处理工艺因兼有降解有机物和生产气体燃料的双重功能，得到了广泛的发展和应用。

（四）自然条件下的生物处理法

自然条件下的生物处理法不但费用低廉、运行管理简便，而且对难生化降解有机物、氮磷营养物和细菌的去除率都高于常规二级处理，达到部分三级处理的效果，而其基建费用和处理成本只分别为二级处理厂的1/5~1/3和1/20~1/10。此外，在一定条件下，生物稳定塘还能作为养殖塘加以利用，污水灌溉则可将废水和其中的营养物质作为水肥资源利用，获得除害兴利、一举两得的效果。所以，近十多年来，这类古老的废水处理技术又恢复了生机，并在国内外得到迅速发展。

1. 稳定塘

稳定塘又称氧化塘，是一种天然的或经过一定人工修整的有机废水处理池塘。按照占优势的微生物种属和相应的生化反应，可分为好氧塘、兼性塘、曝气塘和厌氧塘四种类型。

（1）好氧塘。

好氧塘是一种主要靠塘内藻类的光合作用来供氧的氧化塘。它的水较浅，一般在0.3~0.5m，阳光能直接射透到池底，藻类生长旺盛，加上塘面风力搅动进行大气复氧，全部塘水都呈现好氧状态。

按照有机负荷的高低，好氧塘可分为高速率好氧塘、低速率好氧塘和深度处理塘。高速率好氧塘用于气候温暖、光照充足的地区处理可生化性好的工业废水，可取得BOD去除率高、占地面积少的效果，并副产藻类饲料。低速率好氧塘是通过控制塘深来减小负荷，常用于处理溶解性有机废水和城市二级处理厂出水。深度处理塘（精度塘），主要用于接纳已被处理到二级出水标准的废水，因而其负荷很小。

（2）兼性塘。

兼性塘的水深一般在1.5~2m，塘内好氧和厌氧生化反应兼而有之。在上部水层中，白天藻类光合作用旺盛，塘水维持好氧状态，其净化机理和各项运行指标与好氧塘相同；在夜晚，藻类光合作用停止，大气复氧低于塘内耗氧，溶解氧急剧下降至接近于零。在塘底，由可沉固体和藻、菌类残体形成了污泥层，由于缺氧而进行了厌氧发酵，称为厌氧层。在好氧层和厌氧层之间，存在着一个兼性层。

兼性塘是氧化塘中最常用的塘型，常用于处理城市一级沉淀或二级处理出水。在工业废水处理中，常在曝气塘或厌氧塘之后作为二级处理塘使用，有的也作为难生化降解有机废水的贮存塘和间歇排放塘（污水库）使用。由于它在夏季的有机负荷要比冬季所允许的负荷高得多，因而特别适用于处理在夏季进行生产的季节性食品工业废水。

（3）曝气塘。

为了强化塘面大气复氧作用，可在氧化塘上设置机械曝气或水力曝气器，使塘水得到不同程度的混合而保持好氧或兼气状态。曝气塘有机负荷和去除率都比较高，占地面积小，但运行费用高，且出水悬浮物深度较高，使用时可在后面连接兼性塘，来改善最终出水水源。

（4）厌氧塘。

厌氧塘的水深一般在2.5m以上，最深可达4~5m。当塘中耗氧超过藻类和大气复氧时，就会使全塘处于厌氧分解状态。因而，厌氧塘是一类高有机负荷的以厌氧分解为主的生物塘。其表面积较小而深度较大，水在塘中停留20~50d。它能以高有机负荷处理高浓度废水，污泥量少，但净化速率慢、停留时间长，并产生臭气，出水不能达到排放要求，因此多作为好氧塘的预处理塘使用。

2. 生态系统塘

在生物稳定塘中，除了上述四种主要靠微生物起净化作用的塘型外，还有以放养高等大型水生植物为强化净水手段的水生植物塘和利用污水养鱼、蚌、螺、鸭、鹅的养殖塘。二者可统称为生态系统塘。

（1）水生植物塘。

水生植物可分为挺水植物、漂浮植物、浮水植物和沉水植物四类。放养品种的选择取决于它们的适应和净化能力、是否易于收获处置以及利用价值等。一般认为，凤眼莲、绿萍等漂浮植物和水浮莲等浮水植物有很强的耐污能力，适应于前级多污带稳定塘放养；芦苇、水葱、菖蒲等挺水植物具有中等耐污能力，适于在水浅的前级氧化塘载植；而蔺藻、金鱼藻等沉水植物则适于在寡污带的后级氧化塘和接纳二级处理水的塘中放养。

放养植物对污染物的净化，主要是通过两种途径完成的：一是吸收—贮存—富集—积累—沉淀；二是它们发达的根系上形成了大量的生物膜。植株通过根端高生物膜输氧，使微生物参与对污染物的净化。上述处理机理在水葫芦塘中表现最为典型，显示出很强的净化能力。

在接纳二级处理出水的稳定塘中，还可种植菱白、藕、慈姑等水生蔬菜或青绿饲料，作为水生种植塘予以利用。其水深按植物品种的需要确定，一股在0.2~1.0m，停留时间为l~3d，BOD5负荷与好氧塘相同。

国内在此方面成功的实例比较多，如王国祥等关于“人工复合生态系统对太湖局部水域水质的作用”研究，高吉喜等关于“水生植物对面源污水净化效率研究”研究，彭清涛关于“植物在环境污染治理中的应用”以及周凤霞关于“水生维管束植物对污水的净化效应及其应用前景”的分析等。

（2）养殖塘。

好氧塘和兼性塘中有水生动物所必需的溶解氧和由多条食物链提供的多种饵料，具备养殖鱼类、螺、蚌和鸭、鹅等家禽的良好条件。这种养殖塘主要以阳光为能源，对污染物进行同化、降解，并在食物链中迁移转化，最终转化为动物蛋白。国内若干大、中型养殖塘的运行结果表明，它比普通藻类共生塘有更高的净化效果，BOD5的去除率在90%以上，S和N、P的去除率一般在80%~90%，细菌去除率大于98%，而鱼产量比清水养殖增产0.3~0.45kg/m³。

养鱼塘的水深宜采用2~2.5m。虽然水深增加不利于光合作用，但由于鱼群活动形成自然搅拌混合，藻类能轮流接受光照，能保证塘水中3~5mg/L的溶解氧浓度。

养殖塘的塘型设置，最好采用多塘串联，前一、二级使用废水BOD大幅度降低并培养藻类，水深应浅一些；第三、四级主要培养浮游动物，它们以前面好氧塘的藻类为食料，又作为后面养鱼塘鱼类的饵料；最后一级作为养鱼塘，水深应大一些。如湖南省原种猪场污水多级处理系统。

3. 土地渗滤系统

土地渗滤，是指在人工调控下将废水投配于土地上，是通过利用土壤 – 植物系统的天然净化能力和再生的土地处理法。处理方法有如下几种主要类型：

（1）地表漫流。

地表漫流是以喷洒方式将废水投配在有植被的倾斜土地上，使其呈薄层沿地表流动，径流水由汇流槽收集。

适宜于地表漫流的土壤是透水性差的黏土和亚黏土，处理场的土地应是有 2%~6% 的中等坡度，地面无明显凸凹的平面。通常应在地面上种草本植物，以便为生物群落提供栖息场所和防止水土流失。在废水顺坡流动的过程中，一部分渗入土壤，并有少量水蒸发，水中悬浮物被过滤截留，有机物则被生存于草根和表土中的微生物氧化分解。在不允许地表排放时，径流水可用于农田灌溉，再经快速渗滤回注于地下水中。

废水在投配前需经必要的预处理，设施有格栅、初次沉淀池或停留时间为 1d 的曝气塘等；其次，地表漫流系统只能在植被生长期正常运行，这就需要筛选那些净化和抗污能力强、生长期长的植物品种，同时设有供停运期使用的废水贮存塘。地表漫流的水力负荷率依前处理程度的不同而异，一般在 2~10cm/d，流距在 30cm 以上。

（2）快速渗滤。

快速渗滤是为了适应城市污水的处理出水回注地下水的需要而发展起来的。处理场土壤应为渗透性强的粗粒结构的沙壤或沙土。废水以间歇的方式投配于地面，在沿坡面流动的过程中，大部分通过土壤渗入地下，并在渗滤过程中得到净化。

吴永锋等关于“生活污水快速渗滤处理现场试验研究”表明，对生活污水进行快速渗滤处理，具有投资少、运行费用低、易于管理及处理效果好等优点。

（3）慢速渗滤。

在慢速渗滤中，处理场上通常种植作物。废水经布水后缓慢向下渗滤，借土壤微生物分解和作物吸收进行净化。

慢速渗滤适用于渗水性较好的沙质土和蒸发量小、气候湿润的地区。由于水力负荷率比快速渗滤小得多，废水中的水和养料可被作物充分吸收利用，污染地下水的可能也很小，因而被认为是土地处理中最适宜的方法。

上述 3 种对土地渗滤系统的选择应因地制宜，主要依据是土壤性质、地形、作物种类、气候条件以及对废水的处理要求和处理水的出路等。有时，需要建立由几个系统组成的复合系统，以提高处理水水质，使之符合回用或排放要求。

第六章　环境监测管理和质量保证

第一节　环境监测管理

为了保证环境监测发展，理顺和规范监测工作及保证监测的质量，必须对环境监测实施管理。管理工作包括行政、制度上管理和监测技术管理，后者一般称为环境监测质量保证，但相互之间有一定交叉。

一、主要环境监测管理制度

我国已经颁布的主要环境监测管理制度有《环境监测管理条例》《环境监测管理办法》《环境监测报告制度》《国家监控企业污染源自动监测数据有效性审核办法》《全国环境监测站建设标准》《环境监测质量管理规定》《环境监测人员持证上岗考核制度》《污染源监测管理办法》和《环境监测技术路线》等。

（1）《环境监测管理条例》：是1983年由城乡建设环境保护部（现已撤销）颁布《全国环境监测管理条例》，2009年由环境保护部颁布《环境监测管理条例》（征求意见稿），原管理条例废止。其主要内容包括：环境监测的定义和适用范围，环境监测事业的性质与地位，环境监测管理体制，环境监测数据的效力，环境监测工作的财政保障，环境监测标志管理，科技进步、表彰与国际合作，境外组织或者个人的环境监测活动；环境监测工作的组织实施和定期报告，环境监测事业发展规划的编制，环境监测机构的设立，环境监测机构与人员；环境监测制度的建立和完善，环境监测质量管理制度，环境监测公告与环境监测信息共享，跨区域环境监测数据的技术认定；环境监测网的建设，环境监测网的管理，环境监测点位（断面）的设立和调整，因重大工程建设对环境监测点位（断面）的移动申报，对环境监测点位（断面）周边建设项目的限制，环境监测设施的保护；环境预警监测；突发环境事件应急监测；环境监测技术规范等。

（2）《环境监测管理办法》：自2007年9月1日起实施，适用于县级以上环境保护部门下列环境监测活动的管理，包括：环境质量监测，污染源监督性监测，突发环境污染事件应急监测，为环境状况调查、评价等环境管理活动提供监测数据的其他环境监测活动四个方面。明确环境监测工作是县级以上环境保护部门的法定职责。

（3）《环境监测报告制度》【环监（1996）914号】：目的是加强环境监测报告的管理，

实现环境监测数据、资料管理制度化，确保环境监测信息的高效传递，提高为环境决策与管理服务的及时性、针对性、准确性和系统性。环境监测报告分为数据型和文字型两种：数据型报告是根据监测原始数据编制的各种报表、软盘等；文字型报告是指依据各种监测数据及综合计算结果进行以文字表述为主的报告。环境监测报告按内容和周期分为环境监测快报、简报、月报、季报、年报、环境质量报告书及污染源的监测报告。地方各级环境保护局负责组织、协调本辖区各类环境监测报告的编制和审定，并按本制度规定的要求，向上一级环境保护部门和同级人民政府报出各类文字型报告。中国环境监测总站及各级环境监测站具体承担本辖区各类监测报告的编制，并按本规定的要求报告；各流域（区域）近岸海域等专业监测网组长单位负责按本制度规定的要求组织编制和上报本网络各类环境监测报告等。

（4）关于国家环境监测站的设置：全国环境保护系统设置四级环境监测站，一级站：中国环境监测总站；二级站：各省、自治区、直辖市设置的省级环境监测中心站；三级站：各地级市设置的市级环境监测站（或中心站）；四级站：各县、旗、县级市、大城市的区设置的环境监测站。各级环境监测站受同级环境保护主管部门的领导，业务上受上一级环境监测站的指导。

二、环境监测管理的内容和原则

1. 环境监测管理的内容

环境监测管理是以环境监测质量、效率为主对环境监测系统整体进行全过程的科学管理，其核心内容是环境监测的质量保证。作为一个完整的质量保证归宿（即质量保证的目的）是应保证监测数据具有如下五方面的质量特征：

（1）准确度：测量值与真值的一致程度。

（2）精密度：均一样品重复测定多次符合程度。

（3）完整性：取得有效监测数据的总数满足预期计划要求的程度。

（4）代表性：监测样品在空间和时间分布上的代表程度。

（5）可比性：在监测方法、环境条件、数据表达方式等可比条件下所得数据的一致程度。

2. 环境监测管理原则

（1）实用原则：监测不是目的，而是手段；监测数据不是越多越好，而是实用；监测手段不是越先进越好，而是准确、可靠、实用。

（2）经济原则：确定监测技术路线和技术装备，要经过技术经济论证，进行费用－效益分析。

3. 环境监测的档案文件管理

为了保证环境监测的质量，以及技术的完整性和可追溯性，应对监测全过程的一切文件（包括任务来源、制订计划、布点、采样、分析及数据处理等）按严格制度予以记录存档。同时对所积累的资料、数据进行整理，建立数据库。环境监测是环境信息的捕获、传递、解析、综合的过程。环境信息是各种环境质量状况的情报和数据的总称。自然界的资源有三种，即可再生资源（如动、植物资源）、不可再生资源（如金属、非金属、矿产等）及信息资源，而信息资源的重要性正越来越被重视。因此，档案文件的管理，资料、信息的整理、分析环境监测管理的重要内容。

对于自动监测站，除了数据库外，档案内容应包括：

（1）仪器设备的生产厂家、购置和验收记录。

（2）流量标准的传递和追溯记录文件。

（3）气体标准的传递和追溯记录文件。

（4）监测仪器的多点线性校准表格。

（5）运行监测仪器零点和跨度漂移的例行检查报表。

（6）监测仪器的审核数据报告。

（7）运行监测仪器的例行检查记录。

（8）监测子站和仪器设施的预防性维护文件。

（9）仪器设备检修登记卡。

第二节 质量保证的意义和内容

环境监测对象成分复杂，含量低，时间、空间量级上分布广，且随机多变，不易准确测量。特别是在区域性、国际大规模的环境调查中，常需要在同一时间内，由许多实验室同时参加、同步测定。这就要求各个实验室从采样到结果所提供的数据有规定的准确度和可比性，以便得出正确的结论。如果没有一个科学的环境监测质量来保证程序，由于人员的技术水平、仪器设备、地域等差异，难免会出现调查资料互相矛盾、数据不能利用的现象，造成大量人力、物力和财力的浪费。

环境监测质量保证是环境监测中十分重要的技术工作和管理工作。质量保证和质量控制，是一种保证监测数据准确可靠的方法，也是科学管理实验室和监测系统的有效措施，它可以保证数据质量，使环境监测建立在可靠的基础之上。

环境监测质量保证是整个监测过程的全面质量管理，包括制定计划，根据需要和可能确定监测指标及数据的质量要求，规定相应的分析监测系统。其内容包括采样、样品预处理、贮存、运输、实验室供应，仪器设备、器皿的选择和校准，试剂、溶剂和基准物质的选用，统一测量方法，质量控制程序，数据的记录和整理，各类人员的要求和技术培训，实验室的清洁度和安全，以及编写有关的文件、指南和手册等。

环境监测质量控制是环境监测质量保证的一个部分，它包括实验室内部质量控制和外部质量控制。实验室内部质量控制，是实验室自我控制质量的常规程序，它能反映分析质量的稳定性，及时发现分析中的异常情况，随时采取相应的校正措施。其内容包括空白试验、校准曲线核查、仪器设备的定期标定、平行样品分析、加标样品分析、密码样品分析和编制质量控制图等。外部质量控制通常是由常规监测以外的监测中心站或其他有经验的人员来执行，以便对数据质量进行独立评价，各实验室可以从中发现所存在的系统误差等问题，以便及时校正，提高监测质量。常用的方法有分析标准样品以进行实验室之间的评价和分析测量系统的现场评价等。

第三节 实验室认可和计量认证／审查认可概述

一、中国实验室国家认可制度

实验室认可由中国实验室国家认可委员会组织实施。中国实验室国家认可委员会（简称认可委员会）是根据《中华人民共和国产品质量法》《中华人民共和国计量法》《中华人民共和国标准化法》《中华人民共和国进出口商品检验法》《中华人民共和国进出境动植物检疫法》《中华人民共和国食品卫生法》和《中华人民共和国国境卫生检疫法》《中华人民共和国产品质量认证管理条例》等法律法规的规定，由国务院有关行政部门及与实验室、检查机构认可的相关方联合成立的国家认可机构。英文名称为 China National Accreditation Board for Laboratories(英文缩写 CNAL)。中国实验室国家认可委员会是经中国国家认证认可监督管理委员会批准设立并授权，统一负责实验室和检查机构认可及相关工作。

CNAL 是由原中国实验室国家认可委员会（CNACL）和原中国国家出入境检验检疫实验室认可委员会（CCIBLAC）合并重新组建的。CNACL 和 CCIBLAC 均为亚太实验室认可合作组织（APLAC）和国际实验室认可合作组织（ILAC）的正式成员，并签署了 ILAC-MRA(相互承认协议）和 APLAC-MRA。

中国实验室国家认可委员会的宗旨是推进实验室和检查机构按照国际规范要求，要不断提高技术和管理水平；来促进实验室和检查机构以公正的行为、科学的手段、准确的结果，更好地为社会各界提供服务；统一对实验室和检查机构的评价工作，促进国际贸易。

其认可的主要内容为：检测结果的公正性、质量方针与目标、组织与管理，如组织机构、技术委员会、质量监督网、权力委派，防止不恰当干扰、保护委托人机密和所有权、比对和能力验证计划等，质量体系、审核与评审。检测样品的代表性、有效性和完整性将直接影响检测结果的准确度，因此必须对抽样过程、样品的接收、运输、贮存、处置，以及样品的识别等各个环节实施有效的质量控制。这是在实验室认可中特别强调的内容。

二、计量认证 / 审查认可

我国于 20 世纪 80 年代中期开始，依据《中华人民共和国计量法》《中华人民共和国标准化法》《中华人民共和国产品质量法》及相关法规和规章制度，对产品质量监督检验机构（以下简称质检机构）实行计量认证和审查认可（验收）考核制度。对评价质检机构能力、规范质检机构检验行为、加强质检机构管理和提高检测技术水平进行技术管理。

（一）计量认证

为了规范质检机构和依照其他法律法规设立的专业检验机构的工作行为，提高检验工作质量，国家计量局借鉴国外对检验机构（检测实验室）管理的经验，在 1985 年颁布《中华人民共和国计量法》时，规定了对检验机构的考核要求。1987 年发布的《中华人民共和国计量法实施细则》中对检验机构的考核称之为计量认证。

《中华人民共和国计量法实施细则》实施后，为规范计量认证工作，参照了英国实验室认可机构（NAMAS）、欧共体（现为欧洲联盟）实验室认可机构等国外认可机构对检验机构的考核标准，结合我国的实际情况，制定了对检验机构计量认证的考核标准，颁布了对检验机构计量认证的考核标准——《产品质量检验机构计量认证技术考核规范》（JJF 1021—90）（参考采用 ISO/IEC 导则 25、38 等）。

（二）审查认可

为了有效地对检验机构的工作范围、工作能力、工作质量进行监控和界定，规范检验市场秩序，提出了对检验机构进行审查认可的要求，国家技术监督局在 1990 年发布的《中华人民共和国标准化法实施条例》中以法规的形式明确了对设立检验机构的规划、审查条款（《中华人民共和国标准化法实施条例》第二十九条），并将规划、审查工作称之为“审查认可（验收）”。

（三）计量认证与审查认可的发展及改革调整

我国经计量认证、审查认可考核合格的检验机构的专业已涉及机械、电子、冶金、石油、化工、煤炭、地勘、航空、航天、船舶、建筑、水利、公安、公路、铁路、建材、医药、防疫、农药、种子、环保、节能等国民经济各个领域，承担了产品质量监督检验、质量仲裁检验、商贸验货检验、药品检验、防疫检验、环境监测、地质勘测、节能监测和进出口等大量的检验检测任务，为政府执法部门提供了有力的技术保障，为审判机关裁决因产品质量引发的案件提供了准确的技术依据，为商业贸易双方提供了公平的检验结果，为工农业生产和工程项目提供了科学、准确、可靠的检测数据。

根据市场经济规律，检验机构应属中介组织。但我国计量认证和审查认可（验收）工作分别由计量部门和质量监督部门实施，其考核标准基本类同，致使检验机构接受考核条款相近的两种考核，造成了对检验机构的重复评审。我国加入 WTO 后，对检验机构的考核标准也需要与国际上对实验室考核的标准趋于一致。为解决重复考核和与国际惯例接轨问题，同时又兼顾我国法律要求和具体国情，决定制定“二合一”评审标准——《产品质量检验机构计量认证 / 审查认可（验收）评审准则》，替代原计量认证考核条款（50 条）和审查认可（验收）条款（39 条）。

三、实验室认可与计量认证 / 审查认可（验收）的关系及其发展

按照国际惯例，申请实验室认可是实验室的自愿行为。实验室为完善其内部质量体系和技术保证能力向认可机构申请认可，由认可机构对其质量体系和技术保证能力进行评审，进而作出是否符合认可准则的评价结论。如获得认可证书，则证明其具备向用户、社会及政府提供自身质量保证的能力。

计量认证是通过计量立法，对为社会出公证数据的检验机构（实验室）进行强制考核的一种手段，也可以说计量认证是我国特有的政府对实验室的强制认可。审查认可（验收）是政府质量管理部门对依法设置或授权的承担产品质量检验任务的检验机构的设立条件、界定任务范围、检验能力考核、最终授权（验收）的强制性管理手段。这种最终授权（验收）前的评审，当然也完全可以建立在计量认证 / 审查认可评审或实验室认可评审的基础上。这样就可以减少对实验室的重复评审，计量认证和审查认可（验收）评审内容统一是必然趋势。

综上所述，计量认证 / 审查认可（验收）是法律法规规定的强制性行为，其管理模式为国家和省两级管理，以维护国家法治的需要，其考核工作是在注重国际通行做法的基础上充分考虑我国国情和计量认证 / 审查认可（验收）实践的基础上而实施的。

四、我国环境监测机构计量认证的评审内容与考核要求

目前，我国各级环境监测站计量认证的评审内容是按照《产品质量检验机构计量认证 / 审查认可（验收）评审准则》的规定要求进行的。

认证内容有 13 个要素 56 项条款的具体规定。主要内容及要求如下：

（一）组织和管理

1. 实验室应有明确的法律地位

实验室的组织和运作方式应是保证固定的、临时的和可移动的设施满足本准则的要求。申请计量认证的实验室一般为独立法人，能独立承担第三方公正的检验，独立对外行文和开展业务活动，有独立账目和独立核算。

2. 实验室应满足的要求

（1）有管理人员，并具有履行其职责所需的权力和资源。

（2）有措施保证所有的工作人员不受任何来自商业、财务和其他会影响其工作质量的压力。

（3）组织形式在任何时候都能保证判断的独立性和诚实性。

（4）对影响检验质量的所有管理、执行或验证人员规定其职责、职权和相互关系并形成文件。

（5）由熟悉检验方法和程序、了解检验工作目的，以及懂得如何评定检验结果的人员实行监督；监督人员与非监督人员的比例应保证监督工作的正常进行。

（6）有负责技术工作的技术主管（无论如何称谓）。

（7）有负责质量体系及其实施的质量主管（无论如何称谓），能直接与负责实验室质量方针和资源决策的最高管理者及技术主管联系。

（8）在技术或质量主管不在时，要指定其代理人，并在质量手册中规定。

（9）应在质量手册或程序文件中规定，保护委托方的机密信息和所有权。

（10）适当时，要参加国际、国家、行业或自行组织的实验室之间的比对和能力验证计划。

（11）对政府下达的指令性检验任务，应编制计划，并保质保量按时完成。

（二）质量体系、审核和评审

实验室应建立和保持与其承担的检验工作类型、范围和工作量相适应的质量体系。质量体系要素应形成文件。质量文件应提供给实验室人员使用。实验室应明文规定达到良好工作水平和检验服务的质量方针、目标并作出承诺。实验室的管理者应将质量方针和目标纳入质量手册，并使实验室所有有关人员都知道、理解并贯彻执行。质量主管应负责保守质量手册的现行有效性。

1. 质量手册及相关的质量文件

质量手册及相关的质量文件应包括：

（1）最高管理者的质量方针声明，包括目标和承诺。

（2）实验室组织与管理结构，以及它在任一母体组织中的地位和相应的组织图。

（3）管理工作、技术工作、支持服务和质量体系之间的关系。

（4）文件的控制和维护程序。

（5）关键人员的岗位描述及相关人员的工作岗位描述。

（6）实验室获准签字人的识别（适用时）。

（7）实验室实现量值溯源的程序。

（8）实验室检验的范围。

（9）确保实验室评审所有新工作的措施，以保证实验室在开始新工作之前有适当的设施和资源。

（10）列出在用的检验程序。

（11）处置检验样品的程序。

（12）列出在用的主要仪器设备和参考测量标准。

（13）仪器设备的校准、检定（验证）维护程序。

（14）涉及检定（验证）的活动，包括实验室之间比对、能力验证计划、标准物质的使用、内部质量控制方案的制定。

（15）当发现检验有差异或发生偏离规定的政策和程序时，应遵循反馈和纠正措施的程序。

（16）实验室关于允许偏离规定的政策和程序或标准规范的例外情况的管理措施。

（17）处理抱怨程序。

（18）保密和保护所有权的程序。

（19）质量体系审核和评审程序。

2. 实验室的工作审核和评审

实验室应定期对工作进行全面的审核，以证实其运行能持续地符合质量体系的要求。

（1）审核应由受过培训和有资格的人员承担：审核人员应与被审核工作无关。当审核中发现检验结果的正确性和有效性可疑时，实验室应立即采取纠正措施并书面通知可能受到影响的所有委托方。

（2）管理者应对为满足本准则要求而建立的质量体系每年至少评审一次，确保其持续适用和有效性，并进行必要的更改和改进。

（3）在审核和评审中发现的问题和采取的纠正措施应形成文件。对质量负责的人员应保证这些纠正措施在议定的时间内完成。

（4）除定期审核以外，实验室还应采取其他有效的检查方法来确保提供给委托方结果的质量，并应对这些检查方法的有效性进行评审，其内容包括（但不仅限于此）：尽可能采用统计技术内容的质量控制方案，参加能力验证实验或与其他实验室比对，定期使用有证标准物质和（或）在内部质量控制中使用副标准物质，用相同或不相同的方法进行重复检验，对保留样品的再检验，用一个样品不同特性检验结果的相关性。

（三）人员

（1）实验室应有足够的人员。这些人员应经过与其承担的任务相适应的教育、培训，并有相应的技术、知识和经验。

①实验室最高管理者、技术主管、质量主管及各部门主管应有任命文件。

②最高管理者和技术主管的变更需报发证机关或授权的部门备案。

③非独立法人实验室的最高管理者应由其法人单位的行政领导成员担任。

④实验室技术主管应具有工程师以上技术职称，熟悉检测业务。

（2）实验室应确保其人员得到及时的培训，检验人员应考核合格持证上岗，实验室应保存技术人员有关资格、培训、技能和经历等的技术业绩档案。

（四）设施和环境

（1）实验室的设施、检验场地，以及能源、照明、采暖和通风等应便于检验工作的正常运行。

（2）检验所处的环境不应影响检验结果的有效性或对其所要求的测量准确度产生不利的影响，在非固定场所进行检验时尤应注意。

（3）在适当时，实验室应配备对环境条件进行有效监测、控制和记录的设施。对影响检验的因素，如微生物、灰尘、电磁干扰、湿度、电源电压、温度、噪声和振动水平等应予以适当的重视。应配置停电、停水、防火等应急的安全设施，以免影响检验工作质量。

（4）相邻区域内的工作相互有不利影响时，应采取有效的隔离措施。

（5）进入和使用有影响工作质量的区域应有明确的限制和控制。

（6）应有适当措施确保实验室有良好的内务管理，并符合有关人身健康和环保要求。

（五）仪器设备和标准物质

（1）实验室应正确配备进行检测的全部仪器设备（包括标准物质）。如果要使用实验室永久控制范围以外的仪器设备（限使用频率低、价格昂贵及特种项目），应保证符合本准则规定的相关要求。仪器设备购置、验收、流转应受控。未经定型的专用检验仪器设备需提供相关技术单位的验证证明。

（2）应对所有仪器设备进行正常维护，并有维护程序：如果任一仪器设备有过载或错误操作，或显示的结果可疑，或通过检定（验证）或其他方式表明有缺陷时，应立即停止使用，并加以明显标识，如可能应将其贮存在规定的地方直至修复；修复的仪器设备必须经校准、检定（验证）或检验证明其功能指标已恢复。实验室应检查由于这种缺陷对过去进行的检验所造成的影响。

（3）每一台仪器设备（包括标准物质）都应有明显的标识来表明其校准状态。

（4）应保存每一台仪器设备及对检验有重要意义的标准物质的档案，其内容包括：

①仪器设备名称。

②制造商名称、型号、序号或其他唯一性标识。

③接收日期和启用日期。

④目前放置地点（如果适用）。

⑤接收时的状态及验收记录（如全新的、用过的、经改装的）。

⑥仪器设备使用说明书。

⑦校准和（或）检定（验证）的日期和今后维护的计划。

⑧迄今所进行维护的记录和今后维护的计划。

⑨损坏、故障、改装或修理的历史记录。

（六）量值溯源和校准

（1）凡对检验准确度和有效性有影响的测量和检验仪器设备，在投入使用前都必须进行校准和（或）检定（验证）。实验室应编制有关测量和检验仪器设备的校准与检定（验证）的周期检定计划。

（2）应制定和实施仪器设备的校准和（或）检定（验证）和确认的总体计划，以确保（适用时）实验室的测量可追溯到已有的国家计量标准。校准证书应能证明溯源到国家计量基准，应提供测量结果和有关测量有确定性和（或）符合经批准的计量规范的说明。自检定/校准的仪器设备，按国家计量检定系统的要求，绘制能溯源到国家计量基准的量值传递方框图（适用时），确保在用的测量仪器设备量值符合计量法制规定的要求。

（3）如不可能溯源到国家计量基准，实验室应提供结果相关性的满意证据，如参加一个适当的实验室间的比对或能力验证计划。

（4）实验室建立的测量参考标准只能用于校准，不能用于其他目的，除非能够证明其作为测量参考标准的性能不会失效。

（5）测量的参考标准的校准工作应由能提供对国家计量基准溯源的机构进行。应编制参考标准进行校准和检定（验证）的计划。

（6）适用时，参考标准、测量和检验仪器设备在两次检定（验证）/校准之间应接受运行中的检查。

（7）如可能，标准物质应能溯源到国家或国际计量基准，或溯源到国家或国际标准参考物质。应使用有证标准物质（有效期内）。

（七）检验方法

（1）实验室应对缺少指导可能会给检验工作带来危害的所有仪器设备的使用和操作、样品的处置和制备、检验工作编制指导书，并在质量文件中规定。与实验室工作有关的指导书、标准、手册和参考数据都应现行有效，并便于工作人员使用。

（2）实验室应使用适当的方法和程序进行所有检验工作，以及职责范围内的其他有关业务活动（包括样品的抽取、处置、传送和贮存、制备，测量不确定性的估算，检验数据的分析），这些方法和程序应与所要求的准确度和有关检验的标准规范一致。

（3）没有国际、国家、行业、地方规定的检验方法时，实验室应尽可能选择国际或国家标准中已经公布或由知名的技术组织或有关科技文献或杂志上公布的方法，但应经实验室技术主管确认。

（4）需要使用非标准方法时，这些方法应征得委托方的同意，并形成有效文件，使出具的报告为委托方和用户所接受。

（5）当抽样作为检验方法的一部分时，实验室应按有关程序文件的规定和适当的统计技术抽取样品。

（6）应对计算和数据换算进行适当的检查。

（7）当使用计算机或自动化设备采集、处理、运算、记录、报告、存储或检索检验数据时，实验室应确保：要符合本准则要求；计算机软件应形成文件并满足使用要求；制定并执行保护数据完整性的程序，这些程序应包括（但不限于）数据输入或采集、数据存储、数据传输和数据处理的完整性；对计算机和自动化设备进行维护，确保其功能正常，并提供保证检测数据完整性所必需的环境和工作条件；制定和执行保证数据安全的适当程序，包括防止非授权人员接触和未经批准修改的计算机记录。

（8）实验室应制定其技术工作中所使用的消耗材料的采购、验收和贮存的程序。

（八）检验样品的处置

（1）实验室应建立对拟检验样品的唯一识别系统，以保证在任何时候对样品的识别不发生混淆。

（2）在接收检验样品时，应记录其状态，包括是否异常或是否与相应的检验方法中所描述的标准状态有所偏离。如果对样品是否适用于检验有任何疑问，或者样品与提供的说明不符，或者对要求的检验规定得不完全，实验室应在工作开始前询问委托方，要求进一步予以说明。实验室应确定是否完成了对样品的必要准备，包括是否按委托方的要求对样品进行的相应准备。

（3）实验室应在质量文件中规定适当的设施避免检验所用样品在贮存、处置、准备检验过程中变质或损坏，并遵守随样品提供的任何有关说明书。如果样品必须在特定的环境条件下贮存或处置，则应对这些条件加以维持、监控和记录（如必要）。当检验样品或其一部分须妥善保存时（如基于记录、安全或价值昂贵或日后对检验进行检查的原因），实验室应有贮存和安全措施，以保护这些需要妥善保存的样品或其部分状态的完整性。

（4）实验室应编制对检验样品接收、保存或安全处置的质量程序文件，包括为维护实验室诚实性所必需的各项规定。

（九）记录

（1）实验室应有适合自身具体情况并符合现行规章的记录制度。所有的原始观测记录、计算和导出数据、记录，以及证书副本、检验证书副本、检验报告副本均应归档并保存适当的期限。每次检验的记录应包含足够的信息以保证其能够再现。记录应包含参与实验的全过程、样品准备、检验人员的标识。记录更改应按适当的程序规范进行。

（2）所有记录【包括（五）（4）条中有关校准和检验仪器设备的记录】、证书和报告都应安全存放、妥善保管并为委托方保密。

（十）证书和报告

（1）对于实验室完成的每一项或每一系列检验的结果，均应按照检验方法中的规定，准确、清晰、明确、客观地在检验证书或报告中进行表述，应采用法定计量单位。证书或报告中还应包括为说明检验结果所必需的各种信息及采用方法所要求的全部信息。

（2）每份检验证书或报告至少应包括以下信息：

①标题，如“检验证书”或“检验报告”。

②实验室的名称与地址，进行检验的地点（如果与实验室地址不同）。

③检验证书或报告的唯一性标识（如序号）和每页及总页数的标识。

④委托方的名称和地址（如果适用）。

⑤检验样品的说明和明确标识。

⑥检验样品的特性和状态。

⑦检验样品的接收和进行检验的日期（如果适用）。

⑧对所采用检验方法的标识，或者对所采用的任何非标准方法的明确说明。

⑨涉及的抽样程序（如果适用）。

⑩测量、检查和导出的结果（适当辅以表格、图、简图和照片加以说明），以及对结果失效的说明。

⑪ 对估算的检验结果不确定性的说明（如果适用）。

⑫ 对检验证书或报告（不管如何形成）内容负责人员的签字、职务或等效标识，以及签发日期。

⑬ 如果适用，作出本结果仅对所检验样品有效的声明。

⑭ 未经实验室书面批准，不得复制检验证书或报告（完整复制除外）的声明。

（3）如果检验证书或报告中包含分包方所进行的检验结果，应明确地标明。

（4）应合理地编制检验证书或报告，尤其是检验数据的表达应易于读者理解。注意逐一设计所承担不同类型检验证书或报告的格式，但标题应尽量标准化。

（5）对已发出的检验证书或报告作重大修改，只能以另发文的方式，或采用对“编号为 ×××× 的检验证书或报告”作出补充声明或检验数据修改单的方式。这种修改应有相应规定并符合本准则的全部相应要求。

（6）当发现诸如检验仪器设备有缺陷等情况，而对任何证书、报告或对证书或报告的修改单所给出的结果的有效性产生疑问时，实验室应立即以书面形式来通知委托方。

（7）当委托方要求用电话、电传、图文传真或其他电子和电磁设备传送检验结果时，实验室应保证工作人员遵循质量文件规定的程序，这些程序应满足本准则的要求，并为委托方保密。

（十一）检验的分包

（1）如果实验室将检验工作的一部分分包，接受分包的实验室要符合本准则的要求：分包比例必须予以控制（限仪器设备为使用频率低、价格昂贵及特种项目）。实验室应确保并证实分包方有能力完成分包任务，并能满足相同的能力要求。实验室应将分包事项以书面形式征得委托方同意后方可分包。

（2）实验室应记录和保存调查分包方的能力及符合性的详细资料，保存有关分包事项的登记册。

（十二）外部支持服务和供应

（1）实验室在寻求本准则末涉及到的外部支持服务和供应以支持其检验工作时，应选用能充分保证实验室检验质量的外部支持服务和供应。

（2）如外部支持服务或供应商无独立的质量保证，实验室则应制定有关程序确保所购仪器设备、材料和服务符合规定的要求，只要有可能，实验室应确保所购仪器设备和消耗材料在使用前按相应的检验所要求的标准规范进行检验、校准或检定（验证）。

（3）实验室应保存所有为检验提供所需的支持服务和供应品的所有供应商的信息记录。

（十三）抱怨

（1）实验室应在质量文件或程序中，做出处理委托方或其他单位对实验室工作提出抱怨的规定，并记录和保存所有的抱怨及处理意见。

（2）当抱怨和其他任何事项是对实验室是否符合其方针或程序，或者是否符合本准则要求，或者是对其他有关实验室检验质量提出疑问时，实验室应确保按本准则“（二）2. 实验室的工作审核和评审”的要求，立即对抱怨涉及的范围和职责进行审核。

第四节　监测实验室基础

实验室是获得监测结果的关键部门，要使监测质量达到规定水平，必须要有合格的实验室和合格的分析操作人员。具体地讲是包括仪器的正确使用和定期校正，玻璃量器的选用和校正，化学试剂和溶剂的选用，溶液的配制和标定，试剂的提纯，实验室的清洁和安全工作，分析人员的操作技术，等等。

仪器和玻璃量器是为了分析结果提供原始测量数据的设备，它们的选择视监测项目的要求和实验室条件而定。仪器和玻璃量器的正确使用、定期维护和校正是保证监测质量、延长使用寿命的重要工作，也是反映操作人员技术素质的重要方面。

一、实验用水

水是最常用的溶剂，配制试剂、标准物质、洗涤时均需大量使用。水对分析质量有着广泛和根本的影响，对于不同用途需要不同质量的水。市售蒸馏水或去离子水必须经检验合格才能使用。实验室中应配备相应的提纯装置。

（一）蒸馏水

蒸馏水的质量因蒸馏器的材料与结构而异，水中常含有可溶性气体和挥发性物质。下面分别介绍几种不同的蒸馏器及其所得蒸馏水的质量。

（1）金属蒸馏器：金属蒸馏器内壁为纯铜、黄铜、青铜，也有镀纯锡的。用这种蒸馏器所获得的蒸馏水含有微量金属杂质，如含 Cu^{2+} 的质量分数为（10 ~ 200）$\times10^{-6}$，电阻率小于 0.1MΩ · cm（25℃），只适用于清洗容器和配制一般试剂。

（2）玻璃蒸馏器：玻璃蒸馏器由含低碱高硅硼酸盐的"硬质玻璃"制成，二氧化硅质量分数约为 80%。经蒸馏所得的水中含痕量金属，如含质量分数为 5×10^{-9} 的 Cu^{2+}，还可能有微量玻璃溶出物，如硼、砷等。其电阻率约 0.5MΩ·cm，适用于配制一般定量分析试剂，不宜用于配制分析重金属或痕量非金属试剂。

（3）石英蒸馏器：石英蒸馏器含二氧化硅质量分数 99.9%以上。所得蒸馏水仅含痕量金属杂质，不含玻璃溶出物。电阻率为 2 ~ 3MΩ · cm，特别适用于配制对痕量非金属进行分析的试剂。

（4）亚沸蒸馏器：它是由石英制成的自动补液蒸馏装置。其热源功率很小，使水可在沸点以下缓慢蒸发，不存在雾滴污染问题。所得的蒸馏水几乎不含金属杂质（超痕量），适用于配制除可溶性气体和挥发性物质以外的各种物质的痕量分析用试剂。亚沸蒸馏器常作为最终的纯水器与其他纯水装置（如离子交换纯水器等）联用，所得纯水的电阻率高达 16MΩ · cm 以上。但应注意保存，一旦接了触空气，在不到 5min 内可迅速降至 2MΩ · cm。

（二）去离子水

去离子水，是用阳离子交换树脂和阴离子交换树脂以一定的形式组合进行水处理而得到的。去离子水含金属杂质极少，适于配制痕量金属分析用的试剂，因它含有微量树脂浸出物和树脂崩解颗粒物，所以不适于配制有机分析试剂。通常用自来水作为原水时，由于自来水含有一定余氯，能氧化破坏树脂使之很难再生，因此进入交换器前必须充分曝气。自然曝气夏季约需 1d，冬季需 3d 以上，如急用可煮沸、搅拌、曝气并冷却后使用。湖水、河水和塘水作为原水应仿照自来水先做沉淀、过滤等净化处理。含有大量矿物质、硬度很高的井水应先经蒸馏或电渗析等步骤去除大量无机盐，以延长树脂的使用周期。

（三）特殊要求的纯水

在分析某些指标时，分析过程中所用的纯水，这些指标的含量应越低越好，这就需要某些特殊要求的纯水，如无氯水、无氨水、无二氧化碳水、无铅（重金属）水、无砷水、无酚水，以及不含有机物的蒸馏水等，制取方法可查阅有关资料。

二、试剂

实验室中所用的试剂应根据实际需要合理选用，按规定浓度和需要量正确配制。配好的试剂须按规定要求妥善保存，注意空气、温度、光、杂质等的影响。另外要注意保存时间，一般浓溶液稳定性较好，稀溶液稳定性较差。通常，较稳定的试剂，其 10^{-3}mol/L 溶液可贮存一个月以上，10^{-4}mol/L 溶液只能贮存一周，而 10^{-5}mol/L 溶液需当日配制，故许多试剂常配成浓的贮备液，临用时稀释成所需浓度。配制溶液均需注明配制日期和配制人员，以备核查追溯。由于各种原因，有时需对试剂进行提纯和精制，保证分析质量。

一级品用于精密的分析工作，在环境分析中用于配制标准溶液；二级品常用于配制定量分析中的普通试剂，如无注明环境监测所用试剂均应为二级或二级以上；三级品只能用于配制半定量、定性分析中的试剂和清洁剂等。

质量高于一级品的高纯试剂（超纯试剂）目前国际上也无统一的规格，常以“9”的数目表示产品的纯度，在规格栏中标以 4 个 9、5 个 9、6 个 9 等。4 个 9 表示纯度为 99.99%，杂质总含量不大于 0.01%；5 个 9 表示纯度为 99.999%，杂质总含量不大于 0.001%；6 个 9 表示纯度为 99.999 9%，杂质总含量不大于 0.000 1%，依此类推。

其他表示方法有高纯试剂（EP）、基准试剂、pH 基准缓冲物质、色谱纯试剂（GC）、实验试剂（LR）、指示剂（Ind）、生化试剂（BR）、生物染色剂（BS）和特殊专用试剂等。

三、实验室的环境条件

实验室空气中如含有固体、液体的气溶胶和污染气体，会使痕量分析和超痕量分析产生较大误差。例如，在一般通风柜中蒸发 200g 溶剂，可得 6mg 残留物，若在清洁空气中蒸发可降至 0.08mg。因此，痕量和超痕量分析及某些高灵敏度的仪器，应在超净实验室中进行和使用。超净实验室中的空气清洁度常采用 100 号。这种空气清洁度是根据悬浮固体颗粒物的大小和数量多少分类的。

要达到清洁度为 100 号标准，空气进口必须用高效过滤器过滤。高效过滤器效率为 85% ~ 95%，对直径为 0.5 ~ 5.0μm 颗粒物的过滤效率为 85%，对直径大于 5.0μm 颗粒物的过滤效率为 95%。超净实验室一般较小，面积约 12 ㎡，并有缓冲室，四壁涂环氧树脂油漆，桌面用聚四氟乙烯或聚乙烯膜，地板用整块塑料制成，门窗密闭，使用空调，室内略带正压，通风柜用层流。

没有超净实验室条件的可采用相应的措施。例如，样品的预处理、蒸干、消化等操作最好在专门的毒气柜内进行，并与一般实验室、仪器室分开。几种分析同时进行时应注意防止相互交叉污染。

四、实验室的管理及岗位责任制

监测质量的保证是以一系列完善的管理制度为基础的。严格执行科学的管理制度是评定一个实验室的重要依据。

（一）对监测分析人员的要求

（1）监测分析人员应具有相当于中专以上的文化水平，经培训、考试合格，方能承担监测分析工作。

（2）要熟练掌握本岗位的监测分析技术，对承担的监测项目要做到理解原理、操作正确、严守规程、准确无误。

（3）在接受新项目前，应在测试工作中达到规定的各种质量控制要求，才能进行项目的监测。

（4）认真做好分析测试前的各项技术准备工作，实验用水、试剂、标准溶液、器皿、仪器等均符合要求，方能进行分析测试。

（5）负责填报监测分析结果，做到书写清晰、记录完整、校对严格、实事求是。

（6）及时完成分析测试后的实验室清理工作，做到现场环境整洁、工作交接清楚，做好安全检查。

（7）树立高尚的科研和实验道德，热爱本职工作，钻研科学技术，培养科学作风和谦虚谨慎的态度，遵守劳动纪律，搞好团结协作。

（二）对监测质量保证人员的要求

环境监测站内要有质量保证归口管辖部门或指定专人（专职或兼职）负责监测质量的保证工作。监测质量保证人员应熟悉质量保证的内容、程序和方法，了解监测环节中的关键技术，具备有关的数理统计知识，协助监测站的技术负责人员进行以下各项工作：

（1）负责监督和检查环境监测质量保证各项内容的实施情况。

（2）按隶属关系定期组织实验室内及实验室内的分析质量控制工作，并向上级单位报告质量保证工作执行情况，接受上级单位的有关工作部署、安排，组织实施。

（3）组织有关的技术培训和技术交流，帮助解决所辖站有关质量保证方面的技术问题。

（三）实验室安全制度

（1）实验室内需设各种必备的安全设施（如通风柜、防尘罩、排气管道及消防灭火器材等），并应定期检查，保证随时可供使用。使用电、气、水、火时，应按有关使用规则进行操作，保证安全。

（2）实验室内各种仪器、器皿应有规定的放置处所，不得任意堆放，以免错拿错用，造成事故。

（3）进入实验室应严格遵守实验室规章制度，尤其是使用易燃、易爆和剧毒试剂时，必须遵照有关规定进行操作。实验室内不得吸烟、会客、喧哗、用餐或私用电器等。

（4）下班后要有专人负责检查实验室的门、窗、水、电、煤气等，切实关好，不得疏忽大意。

（5）实验室的消防器材应定期检查，妥善保管，不得随意挪用。一旦实验室发生意外事故，应迅速切断电源、火源，立即采取有效措施，及时处理，并上报有关领导。

（四）药品使用管理制度

（1）实验室使用的化学试剂应由专人负责管理，分类存放，定期检查使用和管理情况。

（2）易燃、易爆物品应存放在阴凉通风处，并有相应的安全保障措施。易燃、易爆试剂要随用随领，不得在实验室内大量保存。保存在实验室内的少量易燃品和危险品应严格控制、加强管理。

（3）剧毒试剂应由专人负责管理，加双锁存放，经批准后方可使用，使用时由两人共同称量，登记用量。

（4）取用化学试剂的器皿（如药匙、量杯等）必须分开，每种试剂用一件器皿，至少洗净后再用，不得混用。

（5）使用氰化物时，要切实注意安全，不在酸性条件下使用，并严防溅洒沾污。氰化物废液必须经处理再倒入下水道，并用大量流水冲稀。其他剧毒试剂也应注意经适当转化处理后再行清洗排放。

（6）使用有机溶剂和挥发性强的试剂的操作应在通风良好的地方或在通风柜内进行。在任何情况下，都不允许用明火直接加热有机溶剂。

（7）稀释浓酸试剂时，应按规定要求操作和储存。

（五）仪器使用管理制度

（1）各种精密贵重仪器及贵重器皿（如铂器皿和玛瑙研钵等）都要有专人管理，分别登记造册、建卡立档。仪器档案应包括仪器说明书、验收和调试记录、仪器的各种初始参数，定期保养维修、检定、校准及使用情况的登记记录等。

（2）精密仪器的安装、调试、使用和保养维修均应严格遵照仪器说明书的要求。上机人员应进行考核，考核合格方可上机操作。

（3）使用仪器前应先检查仪器是否正常。当仪器发生故障时，应立即查清原因，排除故障后方可继续使用，严禁仪器“带病”运转。

（4）仪器用完后，应将各部件恢复到所要求的位置，及时做好清理工作，盖好防尘罩。

（5）仪器的附属设备应妥善安放，并经常进行安全检查。

（六）样品管理制度

（1）由于环境样品的特殊性，要求样品的采集、运送和保存等各环节都必须严格遵守有关规定，保证其真实性和代表性。

（2）监测站的技术负责人应和采样人员、测试人员共同议定详细的工作计划，周密地安排采样和实验室测试间的衔接、协调，以保证自采样开始至结果报出的全过程中，样品都具有合格的代表性。

（3）样品容器除一般情况外的特殊处理，其他情况应由实验室负责进行。对于需在现场进行处理的样品，应注明处理方法和注意事项，所需试剂和仪器应准备好，同时提供给采样人员。对采样有特殊要求时，应对采样人员进行培训。

（4）样品容器的材质要符合监测分析的要求，容器应密塞、不渗不漏。

（5）样品的登记、验收和保存要按以下规定执行：

①采集好的样品应及时贴好样品标签，填写好采样记录。将样品连同样品登记表、送样单在规定的时间内送交指定的实验室。填写样品标签和采样记录需使用防水墨汁，严寒季节圆珠笔不使用时，可用铅笔填写。

②如需对采集的样品进行分装时，分样的容器应和样品容器的材质相同，并填写同样的样品标签，注明“分样”字样。同时对“空白”和“副样”也都要分别注明。

③实验室应有专人负责样品的登记、验收，其内容包括：样品名称和编号；样品采集点的详细地址和现场特征；样品的采集方式，是定时样、不定时样还是混合样；监测分析项目；样品保存所用的保存剂的名称、浓度和用量；样品的包装、保管状况；采样日期和时间；采样人、送样人及登记验收人签名。

④样品验收过程中，如发现编号错乱、标签缺损、字迹不清、监测项目不明、规格不符、数量不足，以及采样不合要求者，可拒收并建议补采样品。如无法补采或重采，应经有关领导批准后方可收样，完成测试后，应在报告中注明。

⑤样品应按规定的方法妥善保存，并在规定时间内安排测试，不得无故拖延。

⑥采样记录、样品登记表、送样单和现场测试的原始记录应完整、齐全、清晰，并与实验室测试记录汇总保存。

第五节　环境标准物质

一、环境标准物质及其分类

（一）环境计量

环境计量，是定量描述环境中的有害物质或物理量在不同介质中的分布及浓度（或强度）的一种计量系统。环境计量包括环境化学计量和环境物理计量两大类。

环境化学计量是以测定大气、水体、土壤，以及人和其他生物中有害物质为中心的化学物质测量系统；环境物理计量是以测定噪声、振动、电磁辐射、放射性等为中心的物理测量系统，有关测量项目在前面相关章节已有叙述。

（二）基体和基体效应

在环境样品中，各种污染物的含量一般在 10^{-6} 或 10^{-9} 甚至 10^{-12} 数量级水平，而大量存在的其他物质则称为基体。

在目前环境监测中所用的测定方法绝大多数是相对分析法，即将基准试剂或标准溶液与待测样品在相同条件下进行比较测定的方法。这种用“纯物质”配成的标准溶液与实际环境样品间的基体差异很大。由于基体组成不同，因物理、化学性质差异而给实际测定带来的误差，叫作基体效应。

（三）环境标准物质

环境标准物质是标准物质中的一类。不同国家、不同机构对标准物质有不同的名称，至今仍没有被普遍接受的定义。

国际标准化组织（ISO）将标准物质（reference material，RM）定义为这种物质具有一种或数种被充分确定的性质，这些性质可以用作校准仪器或验证测量方法。RM 可以传递不同地点之间的测量数据（包括物理的、化学的、生物的或技术的）。RM 可以是纯的，也可以是混合的气体、液体或固体，甚至可以是简单的人造物质。在一批 RM 发放前，应确定其给定的一种或数种性质，以及足够的稳定性。通常在规定的不确定性范围内，适当小量的 RM 样品应该具备完整的 RM 的性质。ISO 还定义了具有证书的标准物质（certified reference material，CRM），这类标准物质应带有证书，在证书中应具备有关的特性值、使用和保存方法及有效期。证书是由国家权威计量单位发放。

美国国家标准与技术研究院（NIST）定义的标准物质称为标准参考物质（SRM），是由 NIST 鉴定发行的，其中具有鉴定证书的也称 CRM。标准物质的定值由下述三种方法获得：①一种已知准确度的标准方法；②两种以上独立可靠的方法；③一种专门设立的实验室协作网。SRM 主要用于：①帮助发展标准方法；②校正测量系统；③保证质量控制程序的长期完善。

我国的标准物质以 GBW 为代号，国家标准物质应具备以下条件：

（1）用绝对测量法或两种以上不同原理的准确、可靠的测量方法进行定值。此外，也可在多个实验室中分别使用准确、可靠的方法进行协作定值。

（2）定值的准确度应具有国内最高水平。

（3）应具有国家统一编号的标准物质证书。

（4）稳定时间应在一年以上。

（5）应保证其均匀度在定值的精密度范围内。

（6）应具有规定的合格的包装形式。

作为标准物质中的一类，环境标准物质除具备上述性质外，还应具备：

（1）由环境样品直接制备或人工模拟环境样品制备的混合物。

（2）具有一定的环境基体代表性。

美国是最早研制环境标准物质的国家。在 1964 年首次制备成供环境样品和生物样品分析用的标准物质——甘蓝粉。在这一研究中，由 29 个实验室采用 11 种方法测定了甘蓝粉中的 40 余种元素的含量。1986 年底，美国研制的环境、生物和临床的 SRM 已达百余种，包括各种气体、液体和固体。目前，世界有许多国家及一些国际组织和机构（如国际原子能机构），也都开展了制备各种环境标准物质的工作。

我国环境标准物质的研制工作始于 20 世纪 70 年代末，目前已有气体、液体和固体的多种环境标准物质。

在环境监测中应根据分析方法和被测样品的具体情况选用适当的环境标准物质。在选择环境标准物质时应考虑以下原则：

（1）对环境标准物质基体组成的选择：环境标准物质的基体组成与被测样品的组成越接近越好，这样可以消除方法基体效应引入的系统误差。

（2）环境标准物质准确度水平的选择：环境标准物质的准确度应比被测样品预期达到的准确度高 3 ~ 10 倍。

（3）环境标准物质浓度水平的选择：分析方法的精密度是被测样品浓度的函数，所以要选择浓度水平适当的环境标准物质。

（4）取样量的考虑：取样量不得小于标准物质证书中规定的最小取样量。

环境标准物质可以广泛地应用于环境监测，主要用于：

（1）评价监测分析方法的准确度和精密度，研究和验证标准方法，发展新的监测方法。

（2）校正并标定监测分析仪器，发展新的监测技术。

（3）在协作试验中用于评价实验室的管理效能和分析人员的技术水平，加强实验室提供准确、可靠数据的能力。

（4）把环境标准物质当作工作标准和监控标准使用。

（5）通过环境标准物质的准确度传递系统和追溯系统，可以实现国际同行间、国内同行间，以及实验室间数据的可比性和时间上的一致性。

（6）作为相对真值，环境标准物质可以用作环境监测的技术仲裁依据。

（7）以一级环境标准物质作为真值，来控制二级环境标准物质和质量控制样品的制备和定值，可以为新型的环境标准物质的研制与生产提供保证。

二、我国环境标准物质

我国环境标准物质的研制非常迅速，为了提高环境监测质量提供技术支持，目前我国环境标准物质分为九类，共 700 多种。

参考文献

（1）王熳，宋金洪，武中波，等．环境检测技术的研究和生态可持续发展探讨（J）．全面腐蚀控制，2023，37(01)：57-59.

（2）宋小晴，章佩丽，王昱，等．饮用水源地天－空－地一体化环境监管的实践应用研究（J）．环境科学与管理，2023，48(01)：29-34.

（3）宋俊密，吕康乐．生态环境监测技术存在问题及对策研究（J）．甘肃科技，2022，38(23)：24-26+36.

（4）王宏．区域生态环境水污染的监测与协同控制技术（J）．皮革制作与环保科技，2022，3(22)：121-123.

（5）胡帆，杨子毅，马洪石．GIS 技术在生态环境应急监测中的应用（J）．仪器仪表与分析监测，2022(04)：40-43.

（6）杨千才．基于物联网技术的生态环境监测分析（J）．中国资源综合利用，2022，40(11)：140-142.

（7）才永吉．基于 RS 与 GIS 技术的江仓矿区生态环境监测与评价（D）．青海大学，2016.

（8）庞少君，洪志平，王欣．生态环境监测及环保技术发展分析（J）．化工设计通信，2022，48(10)：177-179+194.

（9）李国清．基于物联网技术的生态环境监测应用研究（J）．冶金管理，2022(19)：12-14.

（10）王希波．新时期下生态环境监测与环保技术及其应用策略（J）．皮革制作与环保科技，2022，3(19)：33-35.

（11）蔡细荣．环境监测技术在生态环境保护中应用分析（J）．皮革制作与环保科技，2022，3(19)：54-56.

（12）姜德鑫．3S 技术在生态环境监测中的应用（J）．皮革制作与环保科技，2022，3(19)：57-59.

（13）俞言霞．基于大数据分析的生态环境监测与评价研究（J）．皮革制作与环保科技，2022，3(19)：189-191.

（14）杨任能，毕永良．生态环境保护中污染源自动监测技术的运用（J）．皮革制作与环保科技，2022，3(18)：35-37.

（15）唐松．无线传感器网络技术在拉鲁湿地生态环境监测中的应用研究（D）．西藏大学，2015.

（16）陶彧佶．环保视角下生态环境监测技术及其应用研究（J）. 山西化工，2022，42（06）：167-169+180.

（17）毕永良，杨任能．生态环境监测物联网关键技术应用分析（J）. 皮革制作与环保科技，2022，3（17）：48-50.

（18）李毓琛，白雪，李娟花，等．基于链式区块技术的环境监测系统研究（J）. 安徽大学学报（自然科学版），2022，46（05）：27-36.

（19）曹俊萍，王慧．无人机遥感技术在生态环境监测工作中的运用（J）. 清洗世界，2022，38（08）：143-145.

（20）巨博．3S 技术在生态环境监测中的应用（J）. 皮革制作与环保科技，2022，3（16）：35-38.

（21）吴双．煤矿沉陷区生态环境遥感监测与评价（D）. 中国矿业大学，2021.

（22）易文斌．乐山市五通桥区近十年生态环境遥感动态监测与评价（D）. 成都理工大学，2021.